Fundamentals of Poroelasticity

孔隙弹性力学基础
流固耦合渗流力学基本原理

李培超　王克用　徐效平 / 著

中国科学技术大学出版社

内 容 简 介

本书是作者 20 余年来在流固耦合渗流力学领域科研工作的简要回顾和总结。在讲述孔隙弹性力学的由来、定义和应用领域的基础上，重点讲述 Biot 固结理论，并针对一维问题、平面应变问题和轴对称问题这三类典型孔隙弹性问题给出一些经典解析解和作者近年来得到的解析解，同时给出孔隙弹性问题的数值解法和一些算例，以及相关实验和测试方法。

本书可作为学习或研究多孔介质力学、孔隙弹性力学的入门用书，同时也是深入学习和研究多孔介质内部多物理场耦合（例如温度场-渗流场-应力场耦合）问题的基础。

图书在版编目(CIP)数据

孔隙弹性力学基础：流固耦合渗流力学基本原理/李培超，王克用，徐效平著. —合肥：中国科学技术大学出版社，2022.1
（基础科学基本理论及其热点问题研究）
"十四五"国家重点出版物出版规划项目
ISBN 978-7-312-05353-5

Ⅰ.孔… Ⅱ.①李… ②王… ③徐… Ⅲ.①孔隙—弹性力学 ②耦合—渗流力学 Ⅳ.O357.3

中国版本图书馆 CIP 数据核字(2021)第 268136 号

孔隙弹性力学基础：流固耦合渗流力学基本原理
KONGXI TANXING LIXUE JICHU：LIU-GU OUHE SHENLIU LIXUE JIBEN YUANLI

出版	中国科学技术大学出版社
	安徽省合肥市金寨路 96 号,230026
	http://press.ustc.edu.cn
	https://zgkxjsdxcbs.tmall.com
印刷	安徽国文彩印有限公司
发行	中国科学技术大学出版社
经销	全国新华书店
开本	787 mm×1092 mm 1/16
印张	12.75
插页	4
字数	236 千
版次	2022 年 1 月第 1 版
印次	2022 年 1 月第 1 次印刷
定价	48.00 元

前　言

目前国内还未见孔隙弹性力学方面的专著,虽然有不少土力学教材和专著或多或少涉及此方面(例如 Biot 固结理论),但对于孔隙弹性力学却缺乏系统完整的论述和探讨。本书尝试对孔隙弹性力学进行一个简明扼要而又不失完整性的论述,因此将主书名定为《孔隙弹性力学基础》。

本书写作分工如下:李培超、王克用和徐效平负责全书的编写工作,王胜、孙宝泉和李培伦参与了部分章节的编写工作,最后李培超对全书进行了统稿。

本书论述力求符合由浅入深、由易到难的认知过程,以利于读者学习、理解和掌握。本书适用于力学、机械工程、材料科学与工程、土木和建筑工程、生物医学工程、水利水电工程、石油天然气工程、矿业工程、环境工程、化工等工程领域,可供高等院校理工科本科生或研究生使用,也可供相关领域的科研工作者和工程师学习参考。

在本书出版之际,我要感谢中国科学技术大学孔祥言教授和黄海波教授、上海交通大学赵长颖教授、华中科技大学郁伯铭教授,以及美国普林斯顿大学 Jean H. Prévost 教授(我曾以高级研究学者身份访问其研究小组)、Gennady Y. Gor 博士、George W. Scherer 院士和 Howard A. Stone 院士的支持和帮助。感谢美国密西西比大学 Alexander H.-D. Cheng(程宏达)教授、阿克伦大学 Ernian Pan(潘尔年)教授,荷兰代尔夫特理工大学 Arnold Verruijt 院士,以及中华大学 John C. C. Lu(吕成宗)教授、同济大学艾智勇教授和张丰收教授、上海大学孙德安教授、中国矿业大学(徐州)卢萌盟教授、浙江科技学院许友生教授、武汉工程大学肖波齐教授等人与我的通信和鼓励。感谢上海市自然科学基金项目"基于 LTNE 的饱和多孔介质热流固完全耦合机制研究"(批准号:19ZR1421400)和上海工程技术大学学术著作出版专项基金(批准号:2020ZC08)对本书出版的资助。我要特别感谢家人所给予的理解和支持。硕士研究生罗鹏飞同学参与了本书部分图表绘制和文字排版工作,在此表示感谢! 同时,对中国科学技术大学出版社的大力支持也表示感谢。

　　囿于作者水平,本书难免有不妥甚至错误之处,恳请广大读者批评指正。

李培超

2021 年 10 月

主 要 符 号

a：多孔介质单轴侧限压缩系数（MPa^{-1}），

$$a = \frac{1}{K + \dfrac{4}{3}G} = \frac{1 - 2\nu}{2(1 - \nu)G}$$

b：多孔介质层半径或多孔介质上表面施加载荷的宽度（m）。

C_b：多孔介质体积压缩系数（MPa^{-1}），$C_b = 1/K_b = 1/K$。

C_f：孔隙流体的压缩系数（MPa^{-1}），$C_f = 1/K_f$。

C_s：骨架颗粒的压缩系数（MPa^{-1}），$C_s = 1/K_s$。

C_t：多孔介质总体压缩系数（MPa^{-1}），$\phi C_t = \phi/K_f + (\alpha - \phi)/K_s$。

C_V：土体竖向固结系数（m^2/s），$C_V = k/(\mu a)$。

E：多孔介质杨氏模量（MPa）。

G：多孔介质切变模量（MPa），$G = \dfrac{E}{2(1 + \nu)}$。

H：多孔介质层厚度/高度（m）。

k：多孔介质绝对渗透率（μm^2）。

K：多孔介质体积弹性模量（MPa，亦以 K_b 表示），$K = \dfrac{E}{3(1 - 2\nu)}$。

K_f：孔隙流体的体积弹性模量（MPa）。

K_s：骨架颗粒的体积弹性模量（MPa）。

p：孔隙流体压力（MPa）。

p_i：初始孔隙流体压力，或原始地层压力（MPa）。

Q：体积流量（m^3/s）。

q：源汇强度（s^{-1}）。

u_r：径向位移（m）。

u_z：竖向位移（沉降）（m）。

W：多孔介质层宽度（m）。

W_x(或 u):多孔介质骨架在 x 方向的位移(m)。

W_y(或 v):多孔介质骨架在 y 方向的位移(m)。

W_z(或 w):多孔介质骨架在 z 方向的位移(m)。

x_0:源汇所在位置的 x 坐标(m)。

z_0:源汇所在位置的 z 坐标(m)。

α:Biot 孔隙弹性系数或有效应力系数(无量纲,亦以 α_B 表示),$\alpha = 1 - \dfrac{K}{K_s} = 1 - \dfrac{C_s}{C_b}$。

β_s:多孔介质体积热膨胀系数(℃$^{-1}$ 或 K^{-1})。

χ:多孔介质导压系数(m^2/s),$\chi = \lambda_f / (\phi C_t)$。

$\delta(x)$:Dirac δ 函数。

δ_{ij}:Kronecker 符号。

ε_{ij}:多孔介质应变张量。

ε_V:多孔介质体积应变(无量纲),$\varepsilon_V = \dfrac{\partial W_x}{\partial x} + \dfrac{\partial W_y}{\partial y} + \dfrac{\partial W_z}{\partial z}$(三维直角坐标系),或

$\varepsilon_V = \dfrac{\partial u_r}{\partial r} + \dfrac{u_r}{r} + \dfrac{\partial u_z}{\partial z}$(柱坐标系)。

ϕ:多孔介质孔隙度(无量纲)。

γ_f:孔隙流体重度(容重,N/m^3),$\gamma_f = \rho_f g$。

κ:多孔介质渗透系数(导水率、水力传导率,m/s)。

λ:Lamé 常数(MPa),$\lambda = \dfrac{E\nu}{(1+\nu)(1-2\nu)}$。

λ_f:孔隙流体的流度(m^2/s·MPa^{-1}),$\lambda_f = k / \mu_f = \kappa / \gamma_f$。

μ_f:孔隙流体的动力黏度(Pa·s)。

ν:泊松比(无量纲)。

ρ:密度(kg/m^3)。

σ_c:围压(MPa)。

σ_{ij}:应力张量。

σ'_{ij}:有效应力张量。

下标:

b:多孔介质整体(体积)。

d:无量纲化。

f:流体相。

s:骨架固体颗粒相。

目　　录

第1章 绪 论

1.1 孔隙弹性力学的研究内容

孔隙弹性力学是指多孔介质内孔隙流体和骨架固体之间相互作用的理论,主要研究以下两个基本现象:

· 固流耦合:外加载荷的变化引起孔隙流体压力或流体质量的变化。

· 流固耦合:孔隙流体压力或流体质量的变化引起多孔介质体积的变化。

1.2 孔隙弹性力学的工程应用

流固耦合力学是流体力学与固体力学交叉而形成的一门力学分支,它是研究变形固体在流场作用下的各种行为以及固体变形对流场的影响这二者的相互作用(fluid-solid interaction)的一门科学(邢景棠等,1997)。流固耦合问题按其耦合机理通常可分为两类:第一类问题的特征是耦合作用只发生在两相界面上,在方程表现上耦合是由两相耦合面的平衡及协调关系引入的,如气动弹性(aeroelasticity)和水动弹性(hydroelasticity)等问题。第二类问题的特征是流体、固体两相部分或全部重叠在一起,难以明显地分开,使描述物理现象的方程,特别是本构方程需要针对具体物理现象来建立,其耦合效应需要通过描述问题的微分方程来体现。孔隙弹性(poroelasticity)问题即是第二类问题的典型例子。

孔隙弹性理论(Detournay,Cheng,1993；Wang,2000；Coussy,2004；Verruijt,2016；Cheng,2016)起源于 Biot 对饱和软土三维固结问题的开创性研究(Biot,1941；Biot,Willis,1957)，他全面考察了饱和多孔介质内部孔隙流体流动与弹性固体骨架变形之间的相互作用。在国内,孔隙弹性理论通常称为流固耦合渗流(flow and deformation coupling in porous media 或 fluid-solid interaction in porous media)理论(郭尚平等,1981；董平川等,1999；孔祥言,2020)。需要指出的是,孔隙弹性这个术语是由 Geertsma(1957)首次引入多孔弹性材料力学的,他在文中类比阐述了饱和多孔介质弹性与热弹性(thermoelasticity)在基本控制方程组方面的相似性。

从 20 世纪 70 年代起,流固耦合渗流理论开始越来越受到人们的高度重视,它被应用于研究和分析天然多孔介质中流体渗流和固体骨架变形耦合的特征与规律,在多孔介质力学(poromechanics)相关工程领域,如岩土力学、地球物理学、水文地质学(Rice,Cleary,1976；Lewis,Schrefler,1978；Prévost,1980；Bear,Corapcioglu,1981；Zimmerman et al.,1986；Cheng,1997；Settari,Walters,2001；Settari et al.,2008；Gutierrez,Lewis,2002；Gambolati,Freeze,1973；Gambolati et al.,1974；Gambolati et al.,2006；李培超等,2003；Kihm et al.,2007；Wang et al.,2009)、生物医学工程(Mow et al.,1980；Cowin,1999),以及材料科学和工程(Taber,1992；Zhang,Cowin,1994；Scherer et al.,2007；Coussy,2006；Scherer et al.,2009；Yang,Wen,2010；刘勇,吴颂平,2008)都有着非常广泛的应用,例如软土地基固结沉降、地下流体(如地下水、石油、天然气、地热等)开采诱发地面沉降、煤层气的耦合渗流和突出、边坡和坝基的稳定性分析、城市垃圾填埋及核废料处理、二氧化碳捕集与封存、水库诱发地震、工业过滤、生物体软组织力学、盐等晶体材料的结晶,以及软材料的冻结等环境和资源能源领域。Biot 因其开创性和奠基性的工作,被誉为"多孔介质力学之父"。为纪念 Biot 的先驱性贡献和交流多孔介质力学相关领域的最新进展,自 1998 年至今,美国土木工程师协会(American Society of Civil Engineers,ASCE)已召开了 6 届 Biot 多孔介质力学会议(https://ascelibrary.org/doi/book/10.1061/9780784480779)。流固耦合渗流早已成为科学研究和工程应用领域非常重要和热门的课题。

近年来科学研究则进一步发现,人造多孔金属材料(如泡沫铝)因具有相对密度低、比表面积大、比强度高、渗透性好、隔音隔热等优点,其应用范围已远远超过单一功能的材料,而在机械、航空航天、土木、化工、石油矿业、生物医学工程和环保等很多领域都具有广泛的应用前景(Gibson,Ashby,1997；卢天健等,2006)。研究表明,对于开孔多孔金属材料,其内部流体(或气体,如空气)饱和与否对其静态力学性能有着重要影响(Dawson et al.,2009)。而在生物组织工程领域,目前已有不少利用高弹性、高强度水凝胶制造人工支架以替代软组织如关节软骨的报道,因此凝胶力学也成为当前力学研究的热点之一。例如,哈佛大学锁志刚教授研究小组在凝胶力学方面做了不少卓有成效的工作(Hong et al.,2008;Sun et al.,2012)。凝胶力学也是孔隙弹性力学的一个分支,具体论述可参考 http://imechanica.org/node/987。综上,开展孔隙弹性介质/材料的力学行为研究具有非常重要的学术意义和工程实用价值。

如上所述,流固耦合渗流模型起源于 Biot 三维固结理论,而后涉及各个领域的流固耦合渗流模型及应用研究便蓬勃开展起来,涌现出了大量的文献,限于篇幅,本节仅以少数文献做了举例说明。它们中绝大多数以 Biot 三维固结理论为基础,尽管差别之处可能在于多孔介质本构关系不同(如弹性、弹塑性、黏弹性等)、各向异性或非均质性的差别、孔隙流体饱和或非饱和的区别、有效应力原理形式不同等。

Bowen(1980,1982)利用混合物理论重新推导了可压缩和不可压缩多孔介质模型,结果仍与 Biot 三维固结理论基本一致。Biot 三维固结理论从提出至今,已被广大多孔介质力学工作者普遍接受和广泛应用。鉴于此,本书很多章节针对 Biot 固结理论直接给出解析解和数值解的相关研究结果,这些结果对流固耦合渗流问题的研究应具有普遍意义。

1.3　孔隙弹性力学的基本假设

为便于分析,本书将所研究的多孔介质假设为均质各向同性、线弹性,且为单相流体所饱和。当然,实际多孔介质可能更为复杂,例如,存在各向异性、非均质性和多重多相介质以及多层介质等情形。另外,多孔介质本构关系也可以是较线弹性复杂的弹塑性、黏弹性等本构模型。鉴于本书内容为孔隙弹性力学基础,旨在讲述最基础的内容,笔者不就上述复杂情形展开论述。感兴趣的读者可基于本书所提供的孔隙弹性基本理论和方法,结合复杂情形对所考察的多孔介质力学问题进行合理拓展和深入分析。

另外需要指出的是,本书所考察的孔隙弹性是指静态或准静态孔隙弹性(static poroelasticity),并非动态孔隙弹性(dynamic poroelasticity)。事实上,不论是静态孔隙弹性还是动态孔隙弹性（Biot，1956a，1956b，1962），Biot 都是当之无愧的先驱者和奠基人。

最后，需要特别强调指出的是应力符号约定问题。在岩土力学教材或专著（Terzaghi，1943；Lambe，Whitman，1969；Craig，1997）中，通常取压应力为正（因为考虑到地下岩土介质多处于压应力状态），而在经典连续介质力学（如弹性力学和材料力学）教材或专著中，一般取拉应力为正。另外，不同学者可能因个人喜好而有不同的约定（例如 Biot 取拉应力为正），因此提醒读者在分析处理相关孔隙弹性问题时尤其需要注意和辨识正负号约定的问题，以免出错。

参 考 文 献

邢景棠,周盛,崔尔杰,1997.流固耦合力学概述[J].力学进展,27(1):19-38.

Detournay E,Cheng A H D,1993. Fundamentals of poroelasticity[M]// Hudson J A. Comprehensive Rock Engineering. Oxford:Pergamon Press:113-171.

Wang H F,2000. Theory of linear poroelasticity with applications to geomechanics and hydrogeology[M]. Princeton:Princeton University Press.

Coussy O,2004. Poromechanics[M]. Hoboken:John Wiley & Sons,Ltd.

Verruijt A,2016. Theory and problems of poroelasticity[Z/OL]. Delft:Delft University of Technology. http://geo.verruijt.net/.

Cheng A H D,2016. Poroelasticity[M]. Berlin:Springer.

Biot M A,1941. General theory of three-dimensional consolidation[J]. Journal of Applied Physics,12:155-164.

Biot M A,Willis D G,1957. The elastic coefficients of the theory of consolidation[J]. Journal of Applied Mechanics,24:594-601.

郭尚平,刘慈群,阎庆来,1981.渗流力学的近况与展望[J].力学与实践,3(3):2-6.

董平川,徐小荷,何顺利,1999.流固耦合问题及研究进展[J].地质力学学报,5(1):17-26.

孔祥言,2020.高等渗流力学[M].3 版.合肥:中国科学技术大学出版社.

Geertsma J,1957. A remark on the analogy between thermoelasticity and the elasticity of saturated porous media[J]. Journal of the Mechanics and Physics of Solids,6:13-16.

Rice J R,Cleary M P,1976. Some basic diffusion solutions for fluid-saturated elastic porous media with compressible constituents[J]. Reviews of Geophysics and Space Physics, 14:227-241.

Lewis R W,Schrefler B A,1978. Fully coupled consolidation model of the subsidence of

Venice[J]. Water Resources Research,14 (2):223-230.

Prévost J H,1980. Mechanics of continuous porous media[J]. International Journal of Engineering Science,18 (5):787-800.

Bear J,Corapcioglu M Y,1981. A mathematical model for regional land subsidence due to pumping:2. Integrated aquifer subsidence equations for vertical and horizontal displacements[J]. Water Resources Research,17:947-958.

Zimmerman R W,Somerton W H,King M S,1986. Compressibility of porous rocks[J]. Journal of Geophysical Research,91 (B12):12765-12777.

Cheng A H D,1997. Material coefficients of anisotropic poroelasticity[J]. International Journal of Rock Mechanics and Mining Sciences,34:199-205.

Settari A,Walters D A,2001. Advances in coupled geomechanical and reservoir modeling with applications to reservoir compaction[J]. SPE Journal,6(3):334-342.

Settari A,Walters D A,Stright D H,et al.,2008. Numerical techniques used for predicting subsidence due to gas extraction in the North Adriatic Sea[J]. Petroleum Science and Technology,26:1205-1223.

Gutierrez M S,Lewis R W,2002. Coupling of fluid flow and deformation in underground formations[J]. Journal of Engineering Mechanics,128 (7):779-787.

Gambolati G,Freeze R A,1973. Mathematical simulation of the subsidence of Venice:1. Theory[J]. Water Resources Research,9 (3):721-733.

Gambolati G,Gatto P,Freeze R A,1974. Mathematical simulation of the subsidence of Venice:2. Results[J]. Water Resources Research,10 (3):563-577.

Gambolati G,Teatini P,Ferronato M,2006. Anthropogenic land subsidence[J]. Earth Science Frontiers,13 (1):160-178.

李培超,孔祥言,卢德唐,2003.饱和多孔介质流固耦合渗流数学模型[J].水动力学研究与进展(A辑),18(4):419-426.

Kihm J H,Kim J M,Song S H,et al.,2007. Three-dimensional numerical simulation of fully coupled groundwater flow and land deformation due to groundwater pumping in an unsaturated fluvial aquifer system[J]. Journal of Hydrology,335:1-14.

Wang Z H,Prévost J H,Coussy O,2009. Bending of fluid-saturated linear poroelastic beams with compressible constituents[J]. International Journal for Numerical and Analytical Methods in Geomechanics,33 (4):425-447.

Mow V C,Kuei S C,Lai W M,et al.,1980. Biphasic creep and stress-relaxation of articular cartilage in compression:theory and experiments[J]. Journal of Biomechanical Engineering,102 (1):73-84.

Cowin S C,1999. Bone poroelasticity[J]. Journal of Biomechanic,32:217-238.

Taber L A,1992. A theory for transverse deflection of poroelastic plates[J]. Journal of Applied Mechanics,59:628-634.

Zhang D,Cowin S C,1994. Oscillatory bending of a poroelastic beam[J]. Journal of the Mechanics and Physics of Solids,42:1575-1599.

Scherer G W,Valenza II J J,Simmons G,2007. New methods to measure liquid permeability in porous materials[J]. Cement and Concrete Research,37:386-397.

Coussy O,2006. Deformation and stress from in-pore drying-induced crystallization of salt [J]. Journal of the Mechanics and Physics of Solids,54:1517-1547.

Scherer G W,Prévost J H,Wang Z H,2009. Bending of a poroelastic beam with lateral diffusion[J]. International Journal of Solids and Structures,46:3451-3462.

Yang X,Wen Q,2010. Dynamic and quasi-static bending of saturated poroelastic Timoshenko cantilever beam[J]. Applied Mathematics and Mechanics-English Edition,31(8):995-1008.

刘勇,吴颂平,2008.复合材料热压工艺多物理场耦合数学模型[J].复合材料学报,25(2):94-100.

Gibson L J,Ashby M F,1997. Cellular solids:structure and properties[M]. Cambridge:Cambridge University Press.

卢天健,何德坪,陈常青,等,2006.超轻多孔金属材料的多功能特性及应用[J].力学进展,36(4):517-535.

Dawson M A,McKinley G H,Gibson L J,2009. The dynamic compressive response of an open-cell foam impregnated with a non-Newtonian fluid[J]. Journal of Applied Mechanics,76:061011.

Hong W,Zhao X H,Zhou J X,et al.,2008. A theory of coupled diffusion and large deformation in polymeric gels[J]. Journal of the Mechanics and Physics of Solids,56:1779-1793.

Sun J Y,Zhao X H,Illeperuma W R K,et al.,2012. Highly stretchable and tough hydrogels[J]. Nature,489:133-136.

Suo Z G. Poroelasticity or migration of matter in elastic solids[Z/OL]. http://imechanica.org/node/987.

Bowen R M,1980. Incompressible porous media models by use of the theory of mixtures [J]. International Journal of Engineering Science,18(9):1129-1148.

Bowen R M,1982. Compressible porous media models by use of the theory of mixtures[J]. International Journal of Engineering Science,20(6):697-735.

Biot M A,1956a. Theory of propagation of elastic waves in a fluid saturated porous solid:I Low frequency range[J]. The Journal of the Acoustical Society of America,28(2):

168-178.

Biot M A,1956b. Theory of propagation of elastic waves in a fluid saturated porous solid:
Ⅱ Higher frequency range[J]. The Journal of the Acoustical Society of America,28
(2):179-191.

Biot M A,1962. Generalized theory of acoustic propagation in porous dissipative media
[J]. The Journal of the Acoustical Society of America,34(5):1254-1264.

Terzaghi K,1943. Theoretical soil mechanics[M]. New York:John Wiley & Sons,Ltd.

Lambe T W,Whitman R V,1969. Soil mechanics[M]. New York:John Wiley & Sons,Ltd.

Craig R F,1997. Soil mechanics[M]. 6th ed. London:Spon Press.

第2章 基本理论

如第 1 章所述,孔隙弹性理论起源于 Biot 建立的三维固结理论。Biot 固结理论至今已被广大多孔介质力学工作者普遍认可,并在生产实践中得到了广泛的应用。鉴于此,本书将针对 Biot 固结理论直接开展相关理论、解析和数值研究方面的论述,这些论述对孔隙弹性/流固耦合渗流问题的研究具有普遍意义。

本章主要阐述 Biot 固结基本理论,它是构成绝大多数孔隙弹性理论的基础和框架。

2.1 数学模型

对线性孔隙弹性理论的控制方程组,众多研究者已形成共识。如前所述,孔隙弹性理论可追溯至 Biot 在 1941 年的开创性工作(Biot,1941)。该工作建立的三维固结模型适用于不可压缩多孔介质。Biot 和 Willis(1957)进一步将该模型推广到可压缩多孔介质情形,这被后人称为广义 Biot 固结模型。目前,线性孔隙弹性理论/固结理论一般指该广义模型。在本书中,如果不特别指明,Biot 固结理论或孔隙弹性理论一般指该广义模型。

在推导线性孔隙弹性理论之前,通常需作如下假设:① 多孔介质均质、各向同性;② 多孔介质符合线弹性本构关系;③ 多孔介质为单相流体所饱和;④ 多孔介质内部流动(渗流)满足 Darcy 定律;⑤ 多孔介质变形符合小应变/变形假设;⑥ 固结过程视为静态或准静态过程。

当然,线性孔隙弹性理论可根据需要进一步拓展至多孔介质非均质、各向异性和非线性本构关系及非饱和(多相流体)等复杂情形。

2.1.1　有效应力原理

有效应力是多孔介质力学中十分重要的概念和核心内容,它是固体力学理论在多孔介质领域的应用,也是岩土力学等多孔介质力学的理论基础。因此,如何正确合理地确定有效应力是构筑多孔介质力学体系的重要前提(李传亮,2000)。

1. Terzaghi 有效应力

Terzaghi 是第一个提出饱和土力学有效应力概念的人。Terzaghi 有效应力原理/公式(Terzaghi,1943)可表达为

$$\sigma' = \sigma + p \tag{2.1.1}$$

其中,σ'为饱和土体有效应力,σ为饱和土体总应力,而 p 为孔隙水压力。

笔者在绪论中特别指出了应力正负号的约定问题。在经典连续介质力学体系(例如弹塑性力学、工程力学)中,通常取拉应力为正(李培超等,2016);然而在岩土力学中,通常取压应力为正,这是因为地下岩土材料通常处于承压状态。笔者再次提醒读者留意,不要混淆或弄错应力及相关物理量的符号,尽管符号约定并不影响所考察问题的物理或力学本质。为统一起见,本书沿用 Biot(1941)的符号约定,即取拉应力为正。

公式(2.1.1)是建立在实验基础上的一个半经验性质的近似关系式。它对于高孔隙度疏松的点接触饱和多孔介质(例如饱和软黏土)具有足够的精度,但不一定适用于其他非点接触类型的多孔介质(例如低孔隙度的土壤或致密岩石)。该公式自提出至今在工程实践中发挥了重要作用,目前仍常应用于多孔介质研究的诸多领域,例如地基固结沉降和石油工程等。

当土介质处于非饱和状态(即土体孔隙中除水外,还有空气等其他流体)时,其有效应力原理与上述饱和情形 Terzaghi 有效应力原理不同,具体可参考第一作者研究小组的工作(姜小雷,李培超,2016;姜小雷,2016),此处略去。

2. Biot 有效应力原理

虽然 Terzaghi 有效应力公式具有形式简单、便于应用等优点,但它在许多情形下会产生一定的偏差。因此,在 Terzaghi 有效应力提出之后的几十年中,不少

学者都致力于修正和改进有效应力公式,以期在生产实践中发挥更好的指导作用。概括而言,有效应力修正公式可写为以下一般形式(注意,此处有效应力和总应力改写成了应力张量的形式):

$$\sigma'_{ij} = \sigma_{ij} + \beta p \delta_{ij} \qquad (2.1.2)$$

其中,β 称为有效应力系数,σ'_{ij} 为多孔介质有效应力张量,σ_{ij} 为多孔介质应力张量。显然,当 $\beta = 1$ 时,方程(2.1.2)即退化为 Terzaghi 有效应力公式(2.1.1)。

关于 β 的取值问题,不同学者之间存在较大的争议,此处不赘述。其中,最常用的是 Biot 和 Willis(1957)、Geertsma(1957)以及 Nur 和 Byerlee(1971)提出的

$$\beta = 1 - \frac{K}{K_s}$$

式中,K_s 和 K(或 K_b)分别为骨架颗粒和多孔介质的体积模量。

在多孔介质力学领域,$\beta = 1 - K/K_s$ 通常称为 Biot 孔隙弹性系数,且多用 α 或 α_B 表示。显然,Biot 孔隙弹性系数取决于骨架颗粒和介质的体积模量之比。

3. 基于多孔介质的有效应力原理

徐献芝等(2001)从渗流力学角度出发,重新推导了饱和多孔介质内部的应力关系式,得到了

$$\sigma_{ij} = \sigma^s_{ij} \cdot (1 - \phi) - p \cdot \phi \delta_{ij} \qquad (2.1.3)$$

其中,ϕ 为多孔介质孔隙度。令 $\sigma^s_{ij} \cdot (1 - \phi) = \sigma'_{ij}$,称之为固体骨架的有效应力,则式(2.1.3)可改写为

$$\sigma'_{ij} = \sigma_{ij} + \phi p \delta_{ij} \qquad (2.1.4)$$

式(2.1.4)称为基于多孔介质的有效应力原理(徐献芝等,2001;李培超等,2002)。

方程(2.1.3)具有三个意思:其一,固体骨架和孔隙水两相对土体总应力的分担取决于多孔介质的孔隙度,分担比例为 $(1 - \phi) : \phi$;其二,σ^s_{ij} 表达的是固体颗粒的内部应力,或称之为"真应力",在岩石力学中,有人称之为基岩应力;其三,σ'_{ij} 为有效应力,即固体骨架所承受的应力或固体骨架对总应力的分担部分。多孔介质各种机制的变形(骨架或颗粒的弹、塑性变形及蠕变等)都可能导致孔隙度的变化,因此孔隙度可作为表征多孔介质结构状态的重要物性参数。

与前述有效应力公式比较,式(2.1.4)不同之处在于有效应力系数 β 等于 ϕ,即 ϕ 代替了 Terzaghi 有效应力系数 1 或 Biot 孔隙弹性系数 α。而式(2.1.4)中 ϕ

的出现恰好体现了多孔介质的结构状态和流固耦合效应,即固体骨架变形和流体流动的相互作用。

第一作者及其所在研究小组一直致力于将基于多孔介质的有效应力原理应用于多孔介质力学相关研究领域和工程实践,并取得了较好的效果。例如,徐献芝等(2000)建立了考虑孔隙比变化的饱和土体非线性 Kelvin-Voigt 黏弹性本构关系。计算结果表明,孔隙度是描述土体结构性变化的一个重要参数,它对应变-时间关系影响较大。在流固耦合渗流模型方面,第一作者引进该有效应力原理,以代替经典有效应力原理,建立了完备的饱和多孔介质流固耦合渗流数学模型(李培超等,2003;李培超,2004),并进一步对该模型开展了工程应用研究和分析(李培超等,2009;李培超等,2010;李培超,2011a;李培超等,2016)。结果表明,经典 Terzaghi 一维固结理论和 Biot 三维固结理论可认为是该流固耦合渗流模型的简化和近似。

又如,第一作者还将其应用于石油工程岩石破坏和变形分析,修正了经典的地层破裂压力计算公式(Li et al.,2006;李培超,2008;李培超,2011b),使之能够更好地指导储层水力压裂和钻井设计。

4. 双重有效应力原理

李传亮等(1999)深入研究了多孔介质的变形机制,提出了多孔介质存在本体变形和结构变形两种变形机制,将介质的总应变分成了本体应变和结构应变两部分;与这两种变形相对应,引入了多孔介质双重有效应力的概念,即本体有效应力和结构有效应力。本体有效应力决定介质的本体应变,而结构有效应力决定介质的结构应变。进一步将双重有效应力概念应用于多孔介质材料有关的不同研究领域,取得了一系列优秀的研究成果(李传亮,2000;李传亮,孔祥言,2000,2001;李传亮等,2003;李传亮,2003;Li et al.,2004;李传亮,2005;李传亮,朱苏阳,2019)。

2.1.2　孔隙度和渗透率的动态演化模型

对于流固耦合渗流过程,如上文所述,孔隙度和渗透率等物性参数是动态变化的,因此在建立流固耦合渗流数学模型时,应当考虑这些因素。而有些流固耦合渗流模型(Zienkiewicz,Shiomi,1984;Chen et al.,1995;董平川,徐小荷,1998)没有考虑孔隙度和渗透率的动态变化,这可能是因为受到经典渗流力学的影响。在经典渗流力学中,通常不考虑固体骨架的变形,自然不必考虑孔隙度和渗透率的动态变化。

下面举例说明之。地面沉降属于典型的水土耦合渗流过程。孔隙水压力的变化会引起土体骨架有效应力的变化,进而导致孔隙度和渗透率等的变化,同时这些变化又反过来影响孔隙水的流动和压力的分布。根据固结系数的定义,它与渗透率、压缩系数直接相关,而贮水系数与孔隙度、压缩系数等有直接的换算关系。因此在地面固结沉降过程中,土层参数和水文地质参数都是动态变化的,这已经为人们所认识和接受。

李培超等(2003)充分考虑流固耦合作用,详细推导并建立了多孔介质物性参数动态变化模型,其中孔隙度非线性演化模型如下:

$$\phi = 1 - \frac{(1 - \phi_0)(1 - \Delta p/K_s + \beta_s \Delta T)}{1 + \varepsilon_V} \qquad (2.1.5)$$

式中,β_s 表示多孔介质体积热膨胀系数。如果忽略温度场效应,则式(2.1.5)简化为

$$\phi = 1 - \frac{(1 - \phi_0)(1 - \Delta p/K_s)}{1 + \varepsilon_V} \qquad (2.1.6)$$

根据渗流力学 Kozeny-Carman 方程(孔祥言,2020),可导出渗透率的动态变化模型为

$$k = \frac{k_0}{1 + \varepsilon_V} \cdot \left[1 + \frac{\varepsilon_V}{\phi_0} - \frac{\Delta p/K_s \cdot (1 - \phi_0)}{\phi_0} \right]^3 \qquad (2.1.7)$$

2.1.3 渗流场方程

由于渗流发生在可变形的多孔介质中,因而不但流体具有一定的渗流速度,而且骨架颗粒也有一定的运动速度,所以流体质点的速度为

$$\boldsymbol{V}_f = \boldsymbol{V}_r + \boldsymbol{V}_s \qquad (2.1.8)$$

其中,$\boldsymbol{V}_f$ 为流体运动的绝对速度,$\boldsymbol{V}_s$ 为骨架颗粒运动的绝对速度,根据定义有 $\boldsymbol{V}_s = \frac{\partial \boldsymbol{W}}{\partial t}$;$\boldsymbol{V}_r$ 为流体相对于骨架颗粒的速度,其表达式为 $\boldsymbol{V}_r = \frac{1}{\phi S_j} \boldsymbol{V}_{jD}$,其中,下标 j 代表流体相,$\boldsymbol{V}_{jD}$ 为 j 相流体的 Darcy 速度,根据 Darcy 定律,我们有

$$\boldsymbol{V}_{jD} = - \frac{kK_{rj}}{\mu_j} \nabla(p_j - \rho_j gD) \qquad (2.1.9)$$

其中，k 为多孔介质的绝对渗透率张量，K_{rj} 为 j 相流体的相对渗透率，D 为深度。

假定孔隙流体为单相流体（即饱和多孔介质），则有 $S_j = 1$，进而有

$$V_r = -\frac{1}{\phi}\frac{k}{\mu}\nabla(p - \rho_f gD) \qquad (2.1.10)$$

多孔介质骨架的连续性方程为

$$\nabla \cdot \left[\rho_s(1 - \phi)V_s\right] + \frac{\partial\left[\rho_s(1 - \phi)\right]}{\partial t} = 0 \qquad (2.1.11)$$

孔隙流体（不考虑源汇项）的连续性方程为

$$\nabla \cdot (\rho_f \phi V_f) + \frac{\partial(\rho_f \phi)}{\partial t} = 0 \qquad (2.1.12)$$

化简以上两式，得到

$$\rho_s(1 - \phi)\nabla \cdot V_s + (1 - \phi)\frac{\partial\rho_s}{\partial t} - \rho_s\frac{\partial\phi}{\partial t} = 0 \qquad (2.1.13)$$

$$\rho_f \phi \nabla \cdot V_r + \rho_f \phi \nabla \cdot V_s + \phi\frac{\partial\rho_f}{\partial t} + \rho_f\frac{\partial\phi}{\partial t} = 0 \qquad (2.1.14)$$

将以上两式两边分别除以 ρ_s 和 ρ_f 并相加，得到

$$\phi \nabla \cdot V_r + \nabla \cdot V_s + \frac{1 - \phi}{\rho_s}\frac{\partial\rho_s}{\partial t} + \frac{\phi}{\rho_f}\frac{\partial\rho_f}{\partial t} = 0 \qquad (2.1.15)$$

通常而言，流体在等温条件下的状态方程可以采用下式表达：

$$\rho_f = \rho_0 e^{(p - p_0)/K_f} \qquad (2.1.16)$$

其中，K_f 为孔隙流体的体积弹性模量。

综上，有

$$\frac{1}{\rho_f}\frac{\partial\rho_f}{\partial t} = \frac{1}{K_f}\frac{\partial p}{\partial t} \qquad (2.1.17)$$

同理，对于骨架固体颗粒，我们也可得到

$$\frac{1}{\rho_s}\frac{\partial\rho_s}{\partial t} = \frac{1}{K_s}\frac{\partial p}{\partial t} \qquad (2.1.18)$$

其中，K_s 为多孔介质骨架固体颗粒的体积弹性模量。

而且

$$\nabla \cdot \boldsymbol{V}_s = \nabla \cdot \frac{\partial \boldsymbol{W}}{\partial t} = \frac{\partial (\nabla \cdot \boldsymbol{W})}{\partial t} = \frac{\partial \varepsilon_V}{\partial t}$$

将式(2.1.17)、式(2.1.18)和式(2.1.9)代入式(2.1.15),得到多孔介质流固耦合渗流场方程(孔隙流体压力满足的微分方程):

$$-\nabla \cdot \left[\frac{k}{\mu} (\nabla p - \rho_f g \nabla D) \right] + \frac{\partial \varepsilon_V}{\partial t} + \left(\frac{1-\phi}{K_s} + \frac{\phi}{K_f} \right) \frac{\partial p}{\partial t} = 0 \quad (2.1.19)$$

式中,多孔介质绝对渗透率 k 并非常数,而是动态变化的,其具体形式由式(2.1.7)给出。

2.1.4 应力场平衡微分方程组

多孔介质有效应力-应变本构关系为

$$\sigma'_{ij} = D_{ijkl} \varepsilon_{kl} \quad (2.1.20)$$

按照前文假设,多孔介质固体骨架为各向同性线弹性体,则有

$$\sigma'_{ij} = \lambda \varepsilon_V \delta_{ij} + 2\mu \varepsilon_{ij} \quad (2.1.21)$$

其中,ε_V 为骨架体积应变,且有

$$\varepsilon_V = \nabla \cdot \boldsymbol{W} = \frac{\partial W_i}{\partial x_i} = \frac{\partial W_x}{\partial x} + \frac{\partial W_y}{\partial y} + \frac{\partial W_z}{\partial z} \quad (2.1.22)$$

这里,W_x,W_y,W_z 分别为固体骨架在三个方向上的位移分量。

几何方程为

$$\varepsilon_{ij} = \frac{1}{2} (W_{j,i} + W_{i,j}) \quad (2.1.23)$$

依据弹性力学理论(徐芝纶,2016;朱滨,2008),总应力场平衡微分方程为

$$\sigma_{ij,j} + F_i = 0 \quad (2.1.24)$$

联立式(2.1.4)和式(2.1.24),有

$$\sigma'_{ij,j} + (\phi p \delta_{ij})_{,j} + F_i = 0 \quad (2.1.25)$$

此处需要说明的是,式(2.1.25)是建立在基于多孔介质的有效应力原理(即式(2.1.4))上的。而如前文所述,多孔介质有效应力公式有不同的形式(有效应

孔隙弹性力学基础

力系数 β 不同），采用不同的有效应力公式，最终得到的流固耦合渗流模型形式会有所不同。鉴于此，为了统一起见，本书主要采用 Biot 孔隙弹性系数形式。一方面，考虑到 Biot 系数应用广泛；另一方面，即便采用其他形式的有效应力系数，也可借鉴 Biot 系数情形的处理方法和过程。

将式(2.1.21)代入式(2.1.25)，得到以基本未知量 W_x，W_y，W_z，ϕ 和 p 为因变量的应力场平衡微分方程组：

$$(\lambda + \mu) \frac{\partial \varepsilon_V}{\partial x} + \mu \nabla^2 W_x + \phi \frac{\partial p}{\partial x} = 0 \qquad (2.1.26)$$

$$(\lambda + \mu) \frac{\partial \varepsilon_V}{\partial y} + \mu \nabla^2 W_y + \phi \frac{\partial p}{\partial y} = 0 \qquad (2.1.27)$$

$$(\lambda + \mu) \frac{\partial \varepsilon_V}{\partial z} + \mu \nabla^2 W_z + \phi \frac{\partial p}{\partial z} + f_z = 0 \qquad (2.1.28)$$

其中，$f_z = [(1 - \phi)\rho_s + \phi\rho_w] \cdot g$。

对于各向同性弹性体，有

$$\lambda = \frac{E\nu}{(1 + \nu)(1 - 2\nu)}, \quad G = \mu = \frac{E}{2(1 + \nu)}$$

则 $\lambda + \mu = G/(1 - 2\nu)$，代入式(2.1.26)～式(2.1.28)，有

$$\frac{G}{1 - 2\nu} \frac{\partial \varepsilon_V}{\partial x} + G \nabla^2 W_x + \phi \frac{\partial p}{\partial x} = 0 \qquad (2.1.29)$$

$$\frac{G}{1 - 2\nu} \frac{\partial \varepsilon_V}{\partial y} + G \nabla^2 W_y + \phi \frac{\partial p}{\partial y} = 0 \qquad (2.1.30)$$

$$\frac{G}{1 - 2\nu} \frac{\partial \varepsilon_V}{\partial z} + G \nabla^2 W_z + \phi \frac{\partial p}{\partial z} + f_z = 0 \qquad (2.1.31)$$

以上三个方程即应力场平衡微分方程组，它对应于 Biot(1941)的三维固结方程组（即其式(4.1)）。

2.1.5　定解条件和定解问题

根据数学物理方法，对于上述控制方程组，应补充适当的定解条件（例如边界条件和初始条件），才能构成定解问题（初边值问题）。由于该控制方程组中包含渗流场方程和应力场方程，因此需要提供各自对应的边界条件。对于应力场方程，根据弹塑性力学知识，应提供应力边界条件和位移边界条件；而对于渗流场方

程,应提供渗流边界条件。

1. 初始条件

通常指初始时刻或起始某一时刻多孔介质孔隙压力的分布,即

$$p \mid_{t=0} = p_i \qquad (2.1.32)$$

其中,p_i 是初始多孔介质孔隙流体压力(分布)。

2. 边界条件

渗流场边界通常有两种类型。

定压边界:

$$p \mid_{边界} = p_1 \qquad (2.1.33)$$

其中,p_1 为边界上的压力(分布)。

定流量(产量)边界条件:

$$\frac{k}{\mu}(\nabla p - \rho_w g \nabla D) \cdot \boldsymbol{n} \mid_{边界} = q \qquad (2.1.33')$$

其中,$\boldsymbol{n}$ 为边界的法向量,q 为流量或产量。

如果是封闭边界(不渗透边界),则有 $q = 0$,式(2.1.33')退化为

$$\frac{k}{\mu}(\nabla p - \rho_w g \nabla D) = 0$$

应力场边界条件有位移边界条件和应力边界条件。

位移边界条件:

$$\boldsymbol{W} \mid_{边界} = \boldsymbol{W}_1 \qquad (2.1.34)$$

其中,$\boldsymbol{W}_1$ 为边界上的位移。

应力边界条件:

$$\sigma'_{ij} \cdot n_j \mid_{边界} = T_i \qquad (2.1.35)$$

其中,T_i 为应力边界上的面力。

值得指出的是,上述孔隙度和渗透率动态演化模型和基于多孔介质有效应力原理的饱和多孔介质流固耦合渗流模型(即渗流场位移场完全耦合模型)自提出至今已被 528 篇文献引用(据中国知网,截至 2021 年 5 月 16 日),其应用于多孔介

质力学相关工程实践,取得了良好的效果。例如,岩土工程与地球科学(田杰等,2005;郭肖等,2006;骆祖江等,2008;骆祖江等,2013;李璐等,2011)、医用人工支架(肖正康等,2008)、复合材料热压成型(刘勇,吴颂平,2008)、锂离子电池(马德正等,2021)。其中,有些引用的是流固耦合渗流模型本身(孔祥言等,2005;李顺才等,2008;李剑光等,2008;尹光志等,2008;张广明等,2010;梁冰,李野,2011;司鹄等,2011;尹光志等,2013;卢义玉等,2014;李静岩等,2019),而有的论文则侧重引用该文所建立的物性参数动态演化模型(李祥春等,2005;楚锡华,2009;黄璐等,2010;许江等,2017;Yang et al.,2018;方杰等,2019;伍国军等,2020)。限于篇幅,此处仅列举了少量施引文献。读者如果对该文或其施引文献感兴趣,可自行查询中国知网或谷歌学术,以获取具体信息。

　　流固耦合渗流模型(孔隙弹性力学理论)主要处理多孔介质内部孔隙流体流动和骨架固体变形之间的相互作用(即流固耦合)问题。它是研究多孔介质内部复杂的多物理场耦合(例如热流固耦合、化学流固耦合、电磁流固耦合等)问题(孙培德等,2007;赵阳升,2010)的基础。因此,可基于本书孔隙弹性力学基础理论,进一步拓展到多孔介质多物理场耦合理论研究和工程实践。

2.2 地面沉降变形非线性完全耦合数学模型

　　按照地下水渗流模型和土体变形模型结合的形式,抽水诱发地面沉降数学模型可分为三大类:两步走模型、部分耦合模型和完全耦合模型(张云,薛禹群,2002)。

　　抽水诱发的地面变形实际上是三维的,即除垂向沉降外,地面还会出现水平位移。许多现场量测结果表明,地下水抽取在引起地面沉降的同时,也会引起地层的水平位移,有些地方还伴有地裂缝的出现。地面建筑物出现倾斜倒塌以及地裂缝,除与地面沉降不均匀性有关外,还可能与水平位移及水平应力密切相关。油气开采同样会诱发地面沉降变形,严重时会导致套管损坏,甚至油井报废。油田统计资料证实大部分套管发生错断剪切破坏,这可能是因岩体发生水平错动而致。田杰等(2005)基于流固耦合渗流理论,分析了采油过程中储层的变形,并指出了采油过程中孔隙压力消散,有效应力增加,水平位移不断加大,储层受压剪作用易发生套损。

　　除地下流体开采外,近年来大规模的工程建设已成为地面沉降的新影响因素。以上海为例,因为工程建设量大,而浅层又是软黏土层,所以地面沉降原因已由单纯的开采地下水转为开采地下水和城市建设活动双重因素;而且在当前微量沉降阶段,工程建设及运营所诱发的地面沉降占总沉降的权重显然会越来越大。

如上文所述,地面沉降变形通常具有三维特征,而并非只体现为垂向沉降,水平位移同样占有重要的地位。此外,当前工程建设对于地面沉降的影响权重越来越大,因此只有采用三维土体变形理论,才能更好地描述地面变形的三维特征和复杂载荷的影响。

流体开采诱发地面沉降变形属于典型的水土耦合渗流过程。如 2.1.2 小节所述,在地面固结沉降过程中,土层参数和水文地质参数(例如孔隙度、渗透率、压缩系数、固结系数和贮水系数等)都是动态变化的,这已经为人们所认识和接受。

由地下流体开采(包括基坑降水)或地面建筑物载荷作用所诱发的地面沉降,其机理是类似的。即随着孔隙水压力消散,土体有效应力增大,土体产生压缩变形,进而表现为土层表面的位移;土体的变形同时又会导致孔隙度和压缩系数、渗透系数等发生变化,从而影响地下水的渗流特征。因此地面沉降是一个水土相互作用的过程,属于典型的流固耦合渗流问题,从理论上说,使用渗流变形完全耦合模型才能更好地刻画地面沉降过程的流固耦合物理实质。而且如前文所述,在地面固结沉降过程中,土层参数和水文地质参数都是动态变化的,因此物性参数宜采用动态演化模型而非常数模型。

由以上两者结合建立地面沉降变形的三维完全耦合模型,并进行三维变形和渗流耦合分析是非常必要的,也是当前地面沉降模型应深入研究和发展的方向(张云,薛禹群,2002)。

第一作者基于其提出的饱和多孔介质流固耦合渗流模型和孔隙度及渗透率动态演化模型(李培超等,2003),建立了地面沉降变形的三维非线性完全耦合数学模型(李培超,2011a)。该数学模型充分考虑了地面沉降过程的流固耦合物理实质,可用于计算分析地下水开采或建筑物载荷诱发的地面沉降变形三维位移场和渗流场特征,为地面沉降研究与防治提供理论依据和技术支撑。

2.3 模型特例和简化情形

2.3.1 经典渗流情形

如果忽略固体骨架的变形和应力,那么控制方程组中只剩下孔隙流体压力方程,即式(2.1.19):

$$- \nabla \cdot \left[\frac{k}{\mu} (\nabla p - \rho_f g \nabla D) \right] + \frac{\partial \varepsilon_V}{\partial t} + \left(\frac{1 - \phi}{K_s} + \frac{\phi}{K_f} \right) \frac{\partial p}{\partial t} = 0 \quad (2.3.1)$$

显然,此时 $\frac{\partial \varepsilon_V}{\partial t} = 0$。如此一来,上式可简化为

$$- \nabla \cdot \left[\frac{k}{\mu} (\nabla p - \rho_f g \nabla D) \right] + \left(\frac{1 - \phi}{K_s} + \frac{\phi}{K_f} \right) \frac{\partial p}{\partial t} = 0 \quad (2.3.2)$$

令 $\frac{1 - \phi}{K_s} + \frac{\phi}{K_f} = \phi C_t$($C_t$ 称为多孔介质总体压缩系数),则上式可改写为

$$\nabla \cdot \left[\frac{k}{\mu} (\nabla p - \rho_f g \nabla D) \right] = \phi C_t \frac{\partial p}{\partial t} \quad (2.3.3)$$

方程(2.3.3)实际上就是孔祥言(2020)中的单相流体等温渗流偏微分方程(即其中的式(1.9.17))。

由此可见,在不考虑骨架变形的情况下,笔者建立的流固耦合渗流模型就退化成经典的单相流体渗流模型,或者说经典单相流体渗流模型是本书模型的一种特殊情形,这也说明了本书模型的兼容性。

2.3.2 饱和土体一维固结理论的修正

这里,我们首先将本书上述饱和多孔介质流固耦合渗流数学模型进行简化,得到饱和土体的一维固结方程(李培超等,2010),并与经典的 Terzaghi 一维固结理论进行对比;然后以某一软黏土地基固结沉降工程为例进行了定量计算和分析,验证了本书模型的正确性与合理性。

1. 修正一维固结方程的推导

软土层在载荷作用下的固结沉降过程是一个水土相互作用过程,属于典型的流固耦合渗流问题,因此可以用本书的流固耦合渗流数学模型来研究软土层一维固结沉降问题。

对于饱和多孔介质流固耦合渗流数学模型,如果不考虑源汇项的影响,那么孔隙流体压力场方程如式(2.1.19)或式(2.3.1)所示。

下面将其退化到一维固结情形。对于一维竖向固结问题,其位移场方程组(2.1.29)～(2.1.31)自动退化为一维方程,即只剩下 z 方向上的方程

$$\frac{G}{1-2\nu}\frac{\partial \varepsilon_v}{\partial z} + G\nabla^2 W_z - \phi\frac{\partial p}{\partial z} + f_z = 0 \tag{2.3.4}$$

且 $\varepsilon_v = \dfrac{\partial W_z}{\partial z}$。如果记 $a = \dfrac{1-2\nu}{2G(1-\nu)}$(称为土体的侧限体积压缩系数),则上式可简化为

$$\frac{1}{a}\frac{\partial \varepsilon_v}{\partial z} = \phi\frac{\partial p}{\partial z} \tag{2.3.5}$$

进一步有

$$\frac{\partial \varepsilon_v}{\partial t} = \phi a \frac{\partial p}{\partial t} \tag{2.3.6}$$

式(2.3.6)与李培超等(2003)推导给出的式(44)相同。

对于一维固结问题,将式(2.3.6)代入式(2.3.1),并忽略重力项,即可得到修正固结方程

$$\frac{\partial^2 p}{\partial z^2} = \frac{1}{C_V}\frac{\partial p}{\partial t} \tag{2.3.7}$$

其中,$C_V = \dfrac{k}{\mu(\phi C_t + \phi a)}$,称为固结系数,满足 $\phi C_t = \dfrac{1-\phi}{K_s} + \dfrac{\phi}{K_f}$。

2. 经典一维固结理论和修正一维固结理论的比较

对于饱和土体,Biot 一维固结理论和 Terzaghi 一维固结理论(Terzaghi,1941)是一致的,其形式可统一写为

$$\frac{\partial^2 p}{\partial z^2} = \frac{1}{C_{V1}}\frac{\partial p}{\partial t} \tag{2.3.8}$$

其中,$C_{V1} = k/(\mu a)$,称为固结系数。(此处采用的是渗透率 k,而没有采用渗透系数。如果采用渗透系数 k_V,则固结系数 C_{V1} 可表达为 $k_V/(\gamma_w a)$。考虑到渗透率和渗透系数之间的换算关系,两者实际上完全等价。)

比较经典一维固结方程(2.3.8)和修正一维固结方程(2.3.7),显然两者形式是相同的,然而也不难发现,两者有如下不同之处:

(1) 固结系数 C_V 和 C_{V1} 的差异,$C_V/C_{V1} = a/(\phi C_t + \phi a)$,即 C_{V1} 中的 a 被 C_V 中的 $\phi C_t + \phi a$ 替代。

(2) 当忽略固体颗粒和流体压缩性(即忽略 ϕC_t)时,C_V 即简化为 $k/(\phi \mu a)$,则 $C_V/C_{V1} = a/(\phi a) = 1/\phi$,此比值正是由 Terzaghi 有效应力原理被基于多孔介质的有效应力原理替代所致。

(3) 在经典一维固结理论中,压缩系数 a 和渗透率 k 均被认为是常数,所以 C_{V1} 被近似为一个常数。实际上,大量实验结果表明,固结系数是随着有效应力的变化而变化的,并且其变化值也是比较大的。例如,庄迎春等(2005)和 Zhuang et al.(2005)根据常用的孔隙比-有效应力和孔隙比-渗透系数半对数曲线导出了一种饱和软黏土非线性一维固结系数的表达式,并指出固结系数随有效应力和孔隙比的变化而变化,同时与压缩指数和渗透指数的比值有关。固结系数 C_V 在固结过程中的不断变化可从固结方程(2.3.7)分析得出。软土固结是一个典型的流固耦合渗流问题,在固结过程中,孔隙度 ϕ 是表征变形的重要参量,它与土体的体积应变和孔隙压力(有效应力)的变化有关,因此是发展变化的,而且 k 也是动态变化的(李培超等,2003);所以根据 C_V 的表达式可知,固结沉降过程中 C_V 并非常量,而是不断变化的。

3. 一维固结模型的近似求解

如图 2.1 所示,考察饱和软黏土层的侧限固结沉降问题。假设土层厚度为 H,上表面自由透水,下表面不透水,初始时刻对上表面施加一个恒定载荷 p_0。该问题的边界条件和初始条件可写为

$$p = 0, \quad z = 0$$
$$\frac{\partial p}{\partial z} = 0, \quad z = H \tag{2.3.9}$$
$$\sigma_z = -p_0, \quad t = 0 \tag{2.3.10}$$

式(2.3.10)所表达的是土层的正应力等于法向载荷集度(考虑到本书符号约

定,拉应力为正)。下面给出正应力的具体表达式。

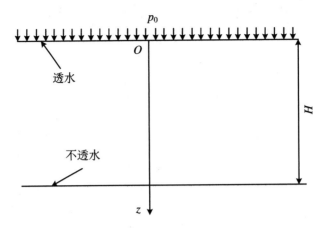

图 2.1 一维固结沉降示意图

对于各向同性弹性多孔介质,其本构关系为

$$\sigma'_{ij} = 2G\varepsilon_{ij} + \lambda\varepsilon_v\delta_{ij} \tag{2.3.11}$$

利用基于多孔介质的有效应力公式(即式(2.1.4)),总应力为

$$\sigma_{ij} = 2G\varepsilon_{ij} + \lambda\varepsilon_v\delta_{ij} - \phi p\delta_{ij} \tag{2.3.12}$$

其中,$\varepsilon_{ij} = \dfrac{1}{2}(W_{j,i} + W_{i,j})$(几何方程),$\varepsilon_v$ 为多孔介质体积应变,且 $\varepsilon_v = \nabla \cdot \boldsymbol{W}$ $= \dfrac{\partial W_i}{\partial x_i}$。

利用式(2.3.12),可得

$$\sigma_z = 2G\left(\varepsilon_{zz} + \frac{\nu\varepsilon_v}{1-2\nu}\right) - \phi p \tag{2.3.13}$$

对于一维固结问题,$\varepsilon_v = \varepsilon_{zz} = \dfrac{\partial W_z}{\partial z}$,$\sigma_z$ 可简化为

$$\sigma_z = \frac{1}{a}\frac{\partial W_z}{\partial z} - \phi p \tag{2.3.14}$$

则式(2.3.10)可改写为

$$\sigma_z = \frac{1}{a}\frac{\partial W_z}{\partial z} - \phi p = -p_0 \tag{2.3.15}$$

即有

孔隙弹性力学基础

$$\varepsilon_V = \frac{\partial W_z}{\partial z} = a(\phi p - p_0) \tag{2.3.16}$$

如果采用 Terzaghi 有效应力公式,根据以上推导,同理可得正应力的表达式为

$$\sigma_z = \frac{1}{a}\frac{\partial w}{\partial z} - p = -p_0 \tag{2.3.17}$$

则有

$$\varepsilon_V = \frac{\partial W_z}{\partial z} = a(p - p_0) \tag{2.3.18}$$

对于经典一维固结方程(2.3.8),利用上述初始条件和边界条件,并考虑到 C_{V1} 为常数的假设,可给出孔隙水压力的解析解(Biot,1941;Terzaghi,1943;Scott,1983)如下:

$$p_1 = \frac{4p_0}{\pi}\sum_{m=1,3,5,\cdots}\frac{1}{m}\sin\frac{m\pi z}{2H}\cdot\exp\left\{-m^2\cdot\frac{\pi^2}{4}T_{V1}\right\} \tag{2.3.19}$$

其中,$T_{V1} = \frac{C_{V1}}{H^2}t$ 是无量纲时间(或称时间因数)。

利用式(2.3.18),通过积分即可得到软土层表面的沉降量:

$$W_{z1} = -\int_0^H \frac{\partial W_z}{\partial z}\mathrm{d}z = Hap_0\left(1 - \frac{8}{\pi^2}\sum_{m=1,3,5,\cdots}\frac{1}{m^2}\exp\left\{-m^2\cdot\frac{\pi^2}{4}T_{V1}\right\}\right) \tag{2.3.20}$$

而对于固结方程(2.3.7),如上文所述,因为孔隙度和渗透率等土体物性参数是不断变化的,所以 C_V 并非常量,因此严格说来,结合数学物理方法,该固结方程并没有解析解,需要利用数值方法求解。但为简化模型求解起见,不妨近似取固结过程中 C_V 为一常数(如取其平均值),则压力场的近似解析解为

$$p = \frac{4p_0}{\phi\pi}\sum_{m=1,3,5,\cdots}\frac{1}{m}\sin\frac{m\pi z}{2H}\cdot\exp\left\{-m^2\cdot\frac{\pi^2}{4}T_V\right\} \tag{2.3.21}$$

同理,对式(2.3.18)积分,得到沉降量

$$W_z = Hap_0\left(1 - \frac{8}{\pi^2}\sum_{m=1,3,5,\cdots}\frac{1}{m^2}\exp\left\{-m^2\cdot\frac{\pi^2}{4}T_V\right\}\right) \tag{2.3.22}$$

其中,$T_V = \frac{C_V}{H^2}t$。

可见式(2.3.22)与式(2.3.20)在形式上基本相同,区别在于 T_V 和 T_{V1} 不同,这是由 C_V 和 C_{V1} 不同所致。由于无量纲时间的差别,在相同时刻,两者的沉降量(和固结度)自然不同,固结沉降的速率也会不同。另外,由于无量纲时间出现在孔隙水压力的表达式中,因此两者的孔隙水压力分布特征有所差别,并影响到孔隙水压力的消散速率。

4. 软土地基沉降工程实例的计算与分析

下面以芜湖长江大桥无为岸接线公路软基试验路段地基沉降(唐小川,1999;安徽省公路勘测设计院,1997)为例,利用经典固结理论、广义固结理论和本书修正固结理论对地基沉降和孔隙水消散时间等进行预测计算和对比分析。

对于该实例,各种参数如下:

$$H = 10 \text{ m}, \quad p_0 = 0.065 \text{ MPa}, \quad a = 0.211 \text{ MPa}^{-1}$$
$$\phi = 0.52, \quad \nu = 0.25, \quad K_s = 48.55 \text{ MPa}$$
$$K_f = 1.362 \text{ MPa}, \quad C_{V1} = 3.73 \times 10^{-7} \text{ m}^2/\text{s}$$

利用以上参数,有 $\phi C_t = 0.392 \text{ MPa}^{-1}$,又近似有 $C_V/C_{V1} = a/(\phi C_t + \phi a)$ 及 $C_{V2}/C_{V1} = a/(\phi C_t + a)$,可算出 $C_V = 0.421 C_{V1}$,而 $C_{V2} = 0.350 C_{V1}$,绘制地基沉降量与时间的关系曲线,如图2.2所示。

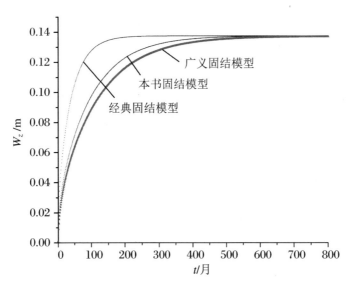

图 2.2　地基沉降量与时间的关系

观察图2.2,有如下结果:

(1) 三种曲线显示最终沉降量是相同的,均为 Hap_0,这是由式(2.3.20)和式

(2.3.22)所示的沉降量表达式的一致性决定的。

(2) 然而由三条曲线的斜率特征可见,经典固结理论的固结沉降速率明显大于本书固结理论和广义固结理论的。这是因为 $C_{v1} > C_v > C_{v2}$,由式(2.3.8)得其孔隙水压力消散速率大于后两者情形所致的速率。

(3) 相应地,三者的孔隙水压力消散时间亦明显不同。在 $t_1 = 200$ 月左右时,经典固结曲线显示沉降已基本完成,而此时,后两者情形的沉降曲线还远未达到直线,大概分别在 $t = 500$ 月和 $t_2 = 600$ 月时,孔隙水压力消散才趋向结束。这一点可解释如下:由 $T_v = \dfrac{C_v}{H^2} t$ 知,孔隙水压力消散时间与 C_v 成反比。对于本例,$C_{v1} > C_v > C_{v2}$ 且 $C_v = 0.421 C_{v1}$,$C_{v2} = 0.350 C_{v1}$,所以后两者情形的消散时间应大于经典固结理论的消散时间,且分别应是其 $C_{v1}/C_v(1/0.421 \approx 2.375)$ 倍和 $C_{v1}/C_{v2}(1/0.350 \approx 2.857)$ 倍,这与上文 $t_1 = 200$ 月,$t = 500$ 月,$t_2 = 600$ 月是吻合的。而这一点(即实际孔隙水压力消散时间通常要大于经典固结理论的预测值)早已被实验证实(Scott,1983),并被人们接受。

实际上,对于本工程实例,$\phi C_t = 0.392 \text{ MPa}^{-1}$,而 $a = 0.211 \text{ MPa}^{-1}$,即 ϕC_t 和 a 在同一量级,且 $\phi C_t > a$,因此 ϕC_t 与 a 比较而言是不能忽略的,所以此时用经典固结理论来描述此例是欠妥当的。不论采用经典固结理论、广义固结理论或本书的修正模型,尽管可能对最终沉降量没有影响,但是因为固结系数的差异,都会严重影响沉降速率以及孔隙压力消散时间等。鉴于此,为更能准确地反映固结沉降过程的流固耦合特征,应采用 C_v 代替经典的 C_{v1} 用于固结沉降计算。

5. 小结

(1) 本小节以饱和多孔介质流固耦合渗流数学模型为基础,推导并建立了饱和土体的一维固结方程。与经典固结方程相较,它不仅考虑了土体颗粒和孔隙水的压缩性,而且考虑了土体物性参数(孔隙度、渗透率等)的动态变化,因此它更能反映固结过程的物理实质。

(2) 假定固结系数为常量,参照经典固结模型的解法,给出了本小节固结模型孔隙水压力和沉降的半解析解,并以软土地基沉降为例,探讨了经典固结模型和本小节固结模型的区别。结果显示,考虑土体颗粒和孔隙水的压缩性与否对固结系数和无量纲时间影响较大,因此在实际计算中这两者不宜忽略。

(3) 因为固结过程中固结系数实际并非常量,所以本小节固结模型的严格求解应采用数值方法进行,待求得孔隙水压力的数值解后,可利用积分求得沉降量。

6. 一维线弹性固结理论的拓展

以上阐述和讨论的是饱和软黏土一维线弹性固结理论,即假设饱和软黏土符合线弹性体本构关系。而饱和软黏土的真实本构关系可能更复杂,例如常见的黏弹性本构或弹塑性本构等,此方面国内外已有大量研究工作,这里不再赘述。近年来研究表明,分数阶导数黏弹性本构模型较经典黏弹性模型能够更精确地描述材料的松弛和蠕变等力学行为。第一作者研究小组将分数阶微积分理论引入Kelvin-Voigt 本构关系,描述黏弹性饱和土体的力学行为,对饱和土体一维固结方程和分数阶导数 Kelvin-Voigt 本构方程进行半解析求解,并分析土体在表面载荷和内部源汇项作用下的固结力学行为(解益等,2017;Li et al.,2019)。

另外,除饱和土外,非饱和土本构模型和一维固结方程及解析解方面的研究亦非常多。如果读者感兴趣,笔者建议参考孙德安和秦爱芳研究小组近年的相关工作。

2.4 发展简史和重要人物

如前文所述,Biot 首次推导并建立了严格和完整的饱和土体三维固结理论,从而奠定了孔隙弹性力学理论/流固耦合渗流理论的基础,被誉为"多孔介质力学之父"。ASCE 从 2002 年起设立了 Maurice A. Biot 奖(由 Biot 夫人捐赠),每年度用于表彰在多孔介质(材料)力学领域取得杰出成就的个人(https://olemiss.edu/sciencenet/poronet/medal.html)。

Biot 全名为 Maurice Anthony Biot,其简介可参考维基百科(https://ency-clopedia.thefreedictionary.com/Maurice + Anthony + Biot)。他于 1932 年获得加州理工学院航空科学博士学位,师从 Theodore von Kármán(冯·卡门)教授。与导师合著有《工程中的数学方法》(von Kármán,Biot,1940),该书对后世影响深远。Biot 侧重固体和结构力学,一生涉猎领域众多,例如航空学、热动力学、地球物理、地震工程、振动声学、电磁学和多孔介质力学等。他在这些领域均做出了卓越工作。Biot 于 1962 年荣获 Timoshenko(S. P. 铁木辛柯)奖,1967 年荣获 von Kármán 奖,是美国工程院院士、美国艺术与科学院院士。我国近代力学事业的奠基人之一钱学森先生正是 Biot 的同门师弟,钱先生于 1939 年获得加州理工学院博士学位,后被誉为我国"航天之父""导弹之父"和"自动化控制之父"。

在孔隙弹性力学/多孔介质力学领域,迄今涌现出了一些优秀的科学家。下面仅简介部分学者。

Coussy 是多孔介质力学领域的杰出学者,尤其在热动力学、孔隙塑性力学、部分饱和多孔介质、波动和化学力学等方面取得了丰硕的成果。他写有多孔介质力学方面的专著(Coussy,1995,2004,2010),1995 年出版第 1 版,2010 年出版第 3 版。令人惋惜的是,他于 2010 年英年早逝。他是 Biot 多孔介质力学会议的倡导者和创始人之一,也是 Biot 奖的首位获奖者(2003 年)。

Cowin 将多孔介质力学应用于软骨力学(Cowin,1999),成就斐然,获得 2004 年 Biot 奖。Berryman 在非均质多孔介质声学(Berryman,1998)以及反演和多孔介质内部输运等方面做出了杰出贡献,获得 2005 年 Biot 奖。Rice 因在岩土力学、地球物理(Rice,Cleary,1976)和多孔金属材料力学等方面做出的基础性贡献而获得 2007 年 Biot 奖。

Schrefler 将 Biot 饱和单相理论推广到了多相流体情形和热流固化(THMC)多场耦合情形,而且发展了有限元算法(Lewis,Schrefler,1998),并第一次应用于威尼斯的地面沉降研究(Lewis,Schrefler,1978)。他于 2009 年获得 Biot 奖。

Zimmerman(2000)在将孔隙弹性理论应用于岩石力学和裂隙介质流动方面做出了杰出贡献,荣获 2010 年 Biot 奖。

Detournay 在将 Biot 多孔介质力学理论应用于岩石力学方面做出了重要贡献,尤其在水力压裂模拟和监测领域学术界以及工业界都具有持续深远的影响。他于 2015 年获得 Biot 奖。他与学生 Cheng 合作的著作已成为多孔介质力学/孔隙弹性力学领域出版最早和引用最广的教科书(Detournay,Cheng,1993)。

Cheng 在 2012 年获得 Biot 奖。一方面,他在多孔介质力学理论和数值研究方面做出了重要贡献(Detournay,Cheng,1993;Cheng,2016)。另一方面,他在多孔介质力学国际共同体中起到了卓越的领导者作用。例如,他在 2002~2004 年担任了 ASCE 多孔介质力学委员会的首任主席;又如,他自 1996 年起一直维护运行的 poronet/bemnet/saltnet(https://olemiss.edu/sciencenet/poronet/index.html)以及多孔介质力学领域的电子邮件列表(mailing-list)早已传为佳话,更是为该领域工作者提供了专业信息和服务。笔者在该领域 20 年的研究工作也从中受益匪浅。

Verruijt 在其电子书(Verruijt,2016)中详细给出了土力学和地下水动力学中一些经典孔隙弹性问题的解析解和有限元数值解,而且附有相应计算机程序,实用性很强。他于 2014 年获得 Biot 奖。

除了上述学者,还有很多力学工作者在多孔介质力学领域做出了杰出贡献。

限于篇幅,恕笔者难以逐一提及和评论。其中一些重要工作已在绪论(或将在接下来的第 3 章和第 4 章)中论述,可供读者参考。

参 考 文 献

Biot M A,1941. General theory of three-dimensional consolidation[J]. Journal of Applied Physics,12:155-164.

Biot M A,Willis D G,1957. The elastic coefficients of the theory of consolidation[J]. Journal of Applied Mechanics,24:594-601.

李传亮,2000. 多孔介质的有效应力及其应用研究[D]. 合肥:中国科学技术大学.

Terzaghi K,1943. Theoretical soil mechanics[M]. New York:John Wiley & Sons,Ltd.

李培超,范志毅,刘小妹,2016. 简明工程力学[M]. 2 版. 北京:清华大学出版社.

姜小雷,李培超,2016. 考虑土颗粒间胶结面积的粒间吸力计算[J]. 岩土工程学报,38(6):1160-1164.

姜小雷,2016. 非饱和土双重有效应力的研究[D]. 上海:上海工程技术大学.

Geertsma J,1957. The effect of fluid pressure decline on volumetric changes of porous rocks[J]. Transactions of AIME,210:331-343.

Nur A,Byerlee J D,1971. An exact effective stress law for elastic deformation of rock with fluids[J]. Journal of Geophysical Research,76:6414-6419.

徐献芝,李培超,李传亮,2001. 多孔介质有效应力原理研究[J]. 力学与实践,23(4):42-45.

李培超,孔祥言,李传亮,等,2002. 地下各种压力之间关系式的修正[J]. 岩石力学与工程学报,21(10):1551-1553.

徐献芝,蔡健,李传亮,等,2000. 考虑孔隙比变化的黏弹性土体本构模型[J]. 土木工程学报,33(3):108-110.

李培超,孔祥言,卢德唐,2003. 饱和多孔介质流固耦合渗流的数学模型[J]. 水动力学研究与进展(A 辑),18(4):419-426.

李培超,2004. 多孔介质流固耦合渗流数学模型研究[J]. 岩石力学与工程学报,23(16):2842.

李培超,李贤桂,龚士良,2009. 承压含水层地下水开采流固耦合渗流数学模型[J]. 辽宁工程技术大学学报(自然科学版),28(增):249-252.

李培超,李贤桂,卢德唐,2010. 饱和土体一维固结理论的修正:饱和多孔介质流固耦合渗流模型之应用[J]. 中国科学技术大学学报,40(12):1273-1278.

李培超,2011a. 地面沉降变形非线性完全耦合数学模型[J]. 河海大学学报(自然科学版),

39(6):665-670.

李培超,王克用,陈曦,等,2016.页岩气藏多重介质流固耦合渗流模型[C]//第九届全国流体力学学术会议论文摘要集,南京,2016年10月.

Li P C,Song Z Y,Wu Z Z,2006. Study on reorientation mechanism of refracturing in Ordos basin-a case study:Chang 6 formation,Yanchang group,triassic system in Wangyao section of Ansai oilfield[C]//SPE:104260.

李培超,2008.重复压裂造缝机理研究[J].岩土工程学报,30(12):1861-1866.

李培超,2011b.水平井地层破裂压力的解析公式[J].上海工程技术大学学报,25(1):41-45.

李传亮,孔祥言,徐献芝,等,1999.多孔介质的双重有效应力[J].自然杂志,21(5):288-292.

李传亮,孔祥言,2000.油井压裂过程中岩石破裂压力计算公式的理论研究[J].石油钻采工艺,22(2):54-56.

李传亮,孔祥言,2001.岩石强度条件分析的理论研究[J].应用科学学报,19(2):103-106.

李传亮,孔祥言,杜志敏,等,2003.多孔介质的流变模型研究[J].力学学报,35(2):230-234.

李传亮,2003.岩石压缩系数与孔隙度的关系[J].中国海上油气(地质),17(5):355-358.

Li C L,Chen X F,Du Z M,2004. A new relationship of rock compressibility with porosity[C]//SPE:88464.

李传亮,2005.岩石欠压实概念质疑[J].新疆石油地质,26(4):450-452.

李传亮,朱苏阳,2019.再谈双重有效应力[J].石油科学通报,4(4):414-429.

Zienkiewicz O C,Shiomi T,1984. Dynamic behaviour of saturated porous media:The generalized Biot formulation and its numerical solution[J]. International Journal for Numerical and Analytical Methods in Geomechanics,8:71-96.

Chen H Y,Teufel L W,Lee R L,1995. Coupled fluid flow and geomechanics in reservoir study:I. theory and governing equations[C]//SPE:30752.

董平川,徐小荷,1998.储层流固耦合的数学模型及其有限元方程[J].石油学报,19(1):64-70.

孔祥言,2020.高等渗流力学[M].3版.合肥:中国科学技术大学出版社.

徐芝纶,2016.弹性力学[M].5版.北京:高等教育出版社.

朱滨,2008.弹性力学[M].合肥:中国科学技术大学出版社.

田杰,刘先贵,尚根华,2005.基于流固耦合理论的套损力学机理分析[J].水动力学研究与进展(A辑),20(2):221-225.

郭肖,杜志敏,周志军,2006.疏松砂岩油藏流固耦合流动模拟研究[J].西南石油学院学报,28(4):53-56,104.

骆祖江,刘金宝,李朗,2008.第四纪松散沉积层地下水疏降与地面沉降三维全耦合数值模拟[J].岩土工程学报,30(2):193-198.

骆祖江,王琰,田小伟,等,2013.沧州市地下水开采与地面沉降地裂缝模拟预测[J].水利学报,44(2):198-204.

李璐,程鹏达,钟宝昌,等,2011.黏性浆液在小孔隙多孔介质中扩散的流固耦合分析[J].水动力学研究与进展(A辑),26(2):209-216.

肖正康,魏生民,汪焰恩,等,2008.基于流-固耦合模型的人工骨力学数值仿真[J].机械科学与技术,26(6):744-747.

刘勇,吴颂平,2008.复合材料热压工艺多物理场耦合数学模型[J].复合材料学报,25(2):94-100.

马德正,李培超,张恒运,2021.锂离子电池隔膜在压缩过程中的流固耦合效应[J].储能科学与技术,10(2):483-490.

孔祥言,李道伦,徐献芝,等,2005.热-流-固耦合渗流的数学模型研究[J].水动力学研究与进展(A辑),20(2):269-275.

李顺才,陈占清,缪协兴,等,2008.破碎岩体流固耦合渗流的分岔[J].煤炭学报,33(7):754-759.

李剑光,王永岩,王皓,2008.深部岩体多孔介质流变模型的研究[J].岩土力学,29(9):2355-2358,2364.

尹光志,王登科,张东明,等,2008.含瓦斯煤岩固气耦合动态模型与数值模拟研究[J].岩土工程学报,30(10):1430-1436.

张广明,刘合,张劲,等,2010.储层流固耦合的数学模型和非线性有限元方程[J].岩土力学,31(5):1657-1662.

梁冰,李野,2011.不同掘进工艺煤与瓦斯流固耦合数值模拟研究[J].防灾减灾工程学报,31(2):180-184,195.

司鹄,郭涛,李晓红,2011.钻孔抽放瓦斯流固耦合分析及数值模拟[J].重庆大学学报,34(11):105-110.

尹光志,李铭辉,李生舟,等,2013.基于含瓦斯煤岩固气耦合模型的钻孔抽采瓦斯三维数值模拟[J].煤炭学报,38(4):535-541.

卢义玉,贾亚杰,葛兆龙,等,2014.割缝后煤层瓦斯的流-固耦合模型及应用[J].中国矿业大学学报,43(1):23-29.

李静岩,刘中良,周宇,等,2019.CO_2羽流地热系统热开采过程热流固耦合模型及数值模拟研究[J].化工学报,70(1):72-82.

李祥春,郭勇义,吴世跃,2005.煤吸附膨胀变形与孔隙率、渗透率关系的分析[J].太原理工大学学报,36(3):264-266.

楚锡华,2009.基于连续介质模型的颗粒材料孔隙度及孔隙水压力计算公式[J].岩土工程学报,31(8):1255-1257.

黄璐,赵成刚,张雪东,等,2010.输运性质受固结过程影响的污染物输运模型[J].岩土工程学报,32(3):420-427.

许江,刘龙荣,彭守建,等,2017.不同吸附性气体抽采过程中煤储层参数演化特征研究[J].岩土力学,38(6):1647-1656.

Yang T,Li B,Ye Q S,2018. Numerical simulation research on dynamical variation of permeability of coal around roadway based on gas-solid coupling model for gassy coal[J]. International Journal of Mining Science and Technology,28(6):925-932.

方杰,宋洪庆,徐建建,等,2019.考虑有效应力影响的煤矿地下水库储水系数计算模型[J].煤炭学报,44(12):3750-3759.

伍国军,陈卫忠,谭贤君,等,2020.饱和岩体渗透性动态演化对引水隧洞稳定性的影响研究[J].岩石力学与工程学报,39(11):2172-2182.

孙培德,杨东全,陈奕柏,2007.多物理场耦合模型及数值模拟导论[M].北京:中国科学技术出版社.

赵阳升,2010.多孔介质多场耦合作用及其工程响应[M].北京:科学出版社.

张云,薛禹群,2002.抽水地面沉降数学模型的研究现状与展望[J].中国地质灾害与防治学报,13(2):1-6.

庄迎春,刘世明,谢康和,2005.萧山软粘土一维固结系数非线性研究[J].岩石力学与工程学报,24(24):4565-4569.

Zhuang Y C,Xie K H,Li X B,2005. Nonlinear analysis of consolidation with variable compressibility and permeability[J]. Journal of Zhejiang University Science,6A(3):181-187.

Scott C R,1983.土力学及地基工程[M].钱家欢,等译.北京:水利电力出版社.

唐小川,1999.粉喷桩处理软土地基沉降计算方法研究[D].合肥:中国科学技术大学.

安徽省公路勘测设计院,1997.芜湖长江大桥元为岸接线公路软基试验路工程地质勘查研究报告[R].合肥.

解益,李培超,汪磊,等,2017.分数阶导数黏弹性饱和土体一维固结半解析解[J].岩土力学,38(11):3240-3246.

Li L Z,Li P C,Wang L,2019. Analysis of one-dimensional consolidation behavior of saturated soils subject to an inner sink by using fractional Kelvin-Voigt viscoelastic model[J]. Journal of Porous Media,22(12):1539-1552.

von Kármán T,Biot M A,1940. Mathematical methods in engineering[M]. New York: McGraw-Hill.

Coussy O,1995. Mechanics of porous continua[M]. New York:John Wiley & Sons,Ltd.

Coussy O,2004. Poromechanics[M]. New York:John Wiley & Sons,Ltd.

Coussy O,2010. Mechanics and physics of porous solids[M]. New York: John Wiley & Sons,Ltd.

Cowin S C,1999. Bone poroelasticity[J]. Journal of Biomechanics,32:217-238.

Berryman J G,1998. Long-wavelength propagation in composite elastic media: I. Spherical inclusions[J]. The Journal of the Acoustical Society of America,68(6):1809-1819.

Rice J R,Cleary M P,1976. Some basic diffusion solutions for fluid-saturated elastic porous media with compressible constituents[J]. Reviews of Geophysics and Space Physics,14: 227-241.

Lewis R W,Schrefler B A,1998. The finite element methods in the static and dynamic deformation and consolidation of porous media[M]. 2nd ed. New York: John Wiley & Sons,Ltd.

Lewis R W,Schrefler B A,1978. Fully coupled consolidation model of the subsidence of Venice[J]. Water Resources Research,14(2):223-230.

Zimmerman R W,2000. Coupling in poroelasticity and thermoelasticity[J]. International Journal of Rock Mechanics and Mining Sciences,37(1):79-87.

Detournay E,Cheng A H D,1993. Fundamentals of poroelasticity[M]//Hudson J A. Comprehensive Rock Engineering. Oxford: Pergamon Press:113-171.

Cheng A H D,2016. Poroelasticity[M]. Berlin: Springer.

Verruijt A,2016. Theory and problems of poroelasticity[Z/OL]. Delft: Delft University of Technology. http://geo.verruijt.net/.

第 3 章　解析解方法和解析解

■ 3.1　解析解方法

3.1.1　解析解的定义

解析解,是指可以用解析表达式表示的解,又称为封闭/闭合解。在数学上,如果一个方程或者方程组存在的某些解是由有限次常见运算的组合给出的形式,则称该方程存在解析解。因此,解析解通常是一种包含分式、单项式、多项式、三角函数、指数函数、对数函数甚至无穷级数或积分等基本函数(或组合)的解的形式。一般而言,解析解是方程的精确解。换言之,如果我们将解析解代入方程后,方程能够完全、精确地成立,则该解为精确解。

通常而言,方程可分为代数方程和微分方程。凡是表示未知函数、未知函数的导数与自变量之间关系的方程,都叫作微分方程。微分方程在自然界和人类社会中广泛存在,它被用来定量描述客观现实世界中事物运动发展变化过程所遵循的基本规律,在认识自然和改造自然方面具有重要的地位和作用。

未知函数是一元函数的微分方程,称作常微分方程(王高雄等,2006;朱思铭,2009),而未知函数是多元函数的微分方程,称作偏微分方程(严镇军,2001;谷超豪等,2012)。需要指出的是,本书所研究的方程主要指偏微分方程。偏微分方程是一个非常宽泛的概念。其中二阶偏微分方程较为常见,可分为二阶线性偏微分方程和二阶非线性偏微分方程,而每一类也可继续细分为常系数、非常系数等。

　　寻求二阶偏微分方程(组)的解析解,一直以来就是学者们不懈努力研究的课题。如上所述,解析解通常表现为解析表达式(或称作函数表达式),给定任意自变量,即可算出相应的函数值,因此由解析解得到的是未知函数的连续分布。它能够揭示所考察问题解的数学和物理性质,开展精确的参数分析,从而有助于人们深入认识所考察问题的物理机制,进而准确、高效地指导人类的生产实践活动。而数值解是利用数值方法得到的一系列近似的离散数值/数据,人们只能利用这些离散数值/数据进行分析评估数值计算的准确性或是否正确表达了所考察的问题。也就是说,数值解只是一些离散数据,不像解析解表达的是连续分布的函数值,因此其包含的信息量及价值远远低于解析解。从这种意义上说,解析解显然具有数值解所无法比拟的优点。

　　然而遗憾的是,即使是双变量二阶常系数线性偏微分方程,事实上也往往难以得到其解析解。这是因为方程的解除了取决于方程本身的复杂度外,还需满足其边界条件或初始条件。换言之,即便是形式简单的二阶常系数线性偏微分方程,如果所考察问题的边界条件比较复杂,那么该问题也完全可能没有解析解。

3.1.2　解析解方法

　　如上文所述,自然界和人类社会的很多问题可抽象为偏微分方程(组)数学模型(通常包括控制方程(组)和定解条件),或称为数学物理中的初边值问题(定解问题)。上述初边值问题的解析解通常难以获取,但在一些特殊情况下,还是可以得到少数解析解的。用来求得上述偏微分方程(组)定解问题解析解的方法,称为解析法。

　　目前常用的解析法有特征线法、分离变量法、积分变换法、基本解法、特殊函数法、幂级数解法、复变函数法和变分法等。具体采用哪种方法,通常取决于偏微分方程(组)的性质(例如抛物型方程、椭圆型方程或双曲型方程)及定解条件。

　　据笔者的经验和认知,在求定解问题(除有公知解析解的经典数学物理问题外)解析解时,积分变换法、分离变量法和基本解法通常是最常见和最奏效的方法。

　　当然还有一些求解非线性偏微分方程近似解析解的方法,例如摄动法、同伦分析法等,此处不再展开。感兴趣的读者可自行查询相关文献。

　　另外,值得补充说明的是,在求解析解过程中可充分利用一些数学软件,例如Mathematica、Maple 或 MATLAB 来辅助符号计算(微积分运算、矩阵求解、积分变换、方程求解等),以解除繁琐、重复的手工计算,起到事半功倍的效果。

最后,笔者特别列出了孔祥言教授和 Arnold Verruijt 教授分别编著的两本著作(孔祥言,2020;Verruijt,2016)。一方面,在这两本著作中,作者(或引用他人)给出了渗流力学或孔隙弹性力学领域一些经典问题的解析解,而且都有非常详细的推导和求解过程,建议读者参考和学习。另一方面,需要特别指出的是,笔者在近年研究工作中所提出的少数解析解都是基于上述解析法的工作,更是深入学习和钻研孔祥言教授著作的收获。

3.2 经典问题的解析解

如前文所述,一旦建立起所研究问题完备的数学模型(或称数学物理定解问题,即由偏微分方程组和一组适定的边界条件、初始条件构成的初边值问题),接下来的目标就是找到该问题的解(解析解或数值解)。毋庸置疑,我们首先渴望能找到问题的解析解,即以已知数学函数形式表达的显式解。迄今为止,针对孔隙弹性问题,已报道了许多解析解。本书不是综述,无法穷尽全部解析解甚至也无法涵盖大多数解析解。限于本书的宗旨和篇幅,此节仅简要阐述一些孔隙弹性经典基础问题及其解析解。如果读者对这些基础问题的细节感兴趣,可直接阅读相关论文。另外,读者想了解其他孔隙弹性问题及其解析解,可自行查阅相关文献。

3.2.1 Terzaghi 一维固结问题

"土力学之父"Terzaghi 考察了饱和土体侧限一维固结问题(Terzaghi,1943),其控制方程见式(2.3.8)。在土层上表面初始时刻施加一个恒定载荷 p_0,其孔隙水压力的解析解为

$$p = \frac{4p_0}{\pi} \sum_{m=1,3,5,\cdots} \frac{1}{m} \sin\frac{m\pi z}{2H} \cdot \exp\left\{-m^2 \cdot \frac{\pi^2}{4}T_V\right\} \tag{3.2.1}$$

土层表面沉降量的解析解为

$$W = Hap_0\left[1 - \frac{8}{\pi^2}\sum_{m=1,3,5,\cdots} \frac{1}{m^2}\exp\left\{-m^2 \cdot \frac{\pi^2}{4}T_V\right\}\right] \tag{3.2.2}$$

以上解析解适用于土层单面排水(即上表面透水,下表面不透水)的情形。对

于双面排水等情形,同理也可得到其孔隙水压力和沉降量的解析解,此处略去。另外,根据上述土层孔隙水压力和沉降量的解析解,可以给出土体固结度和固结时间的解析表达式。感兴趣的读者可自行查阅土力学教材。

如 2.3 节所述,Biot 三维固结理论退化到一维情形时,实际上与 Terzaghi 一维固结模型是相同的。至于退化过程的细节,可参考前文论述,或查阅 Biot (1941a)、李培超等(2003)或李培超等(2010)。

3.2.2　Mandel 问题

Mandel(1953)提出了 Biot 三维固结理论(Biot,1941a)最早的解析解之一,阐述了孔隙水压力的非单调响应。后来,Cryer(1963)研究了承受静水压力的球体的 Biot 固结,对球体中心的孔隙压力也获得了类似的结果,即土体受到载荷作用时,其内部孔隙压力会出现初期先升高、而后逐渐消散的特征。这种典型的非单调压力响应被后人称为 Mandel-Cryer 效应(Schiffman et al.,1969;Gibson et al.,1990)。这种独特的力学行为正是 Biot 完全流固耦合渗流理论与 Terzaghi 非耦合固结理论(Terzaghi,1943)的区别之处,因为后者可以解释孔隙压力消散,却无法解释和预测孔隙压力上升的现象。Mandel-Cryer 效应已被很多实验室测试和数值模拟结果证实(Gibson et al.,1963;Verruijt,1965)。该效应的物理背景和机制是:载荷施加会诱发孔隙压力迅速产生和急剧升高;与此同时,孔隙流体的流动(渗流)会导致孔隙压力消散(降低)。然而孔隙压力的消散会因渗透率和与排水/透水边界的距离受阻而滞后和变慢。因此,孔隙压力会呈现上述非单调响应。越来越多的研究表明,Terzaghi 固结理论只适用于一维情形,并不适用于二维和三维情形。笔者认为其根本原因在于 Terzaghi 固结理论在推导过程中没有如 Biot 固结理论一样严格考虑孔隙流体流动与固体骨架变形之间的耦合(即完全流固耦合渗流)效应。

下面我们阐述 Mandel 问题及其解析解。如图 3.1 所示,一个矩形土样的上、下表面各放置一块刚性光滑平板(长度为 $2a$),通过该平板上、下表面承受均布载荷 q,土样通过侧向两边透水。观察图 3.1,考虑到对称性,土样的变形属于平面应变情形(与图示矩形土样平面垂直的 y 方向应变 $\varepsilon_{yy}=0$)。由于两边透水,可写出两边压力场边界条件为 $p=0$(在 $x=\pm a$)。

Mandel 基于 Biot 固结模型,针对上述问题,获得了孔隙压力场的解析解:

$$p = \eta q \cdot \sum_{j=1}^{\infty} \frac{\cos(\xi_j x/a) - \cos \xi_j}{\cos \xi_j - \sin(\xi_j/\xi_j) + 2\eta\xi_j \sin \xi_j} \exp\{-\xi_j^2 C_v t/a^2\} \quad (3.2.3)$$

其中，η 是材料力学常数，系数 ξ_j 为方程 $\tan \xi_j = 2\eta\xi_j$ 的正根，C_V 是土体固结系数。η 和 C_V 的定义与前文相同，即 $\eta = \dfrac{1-\nu}{1-2\nu}$，

$$C_V = \frac{k \cdot (K + 4G/3)}{\mu} = \frac{k}{\mu} \cdot \frac{2(1-\nu)G}{1-2\nu}$$

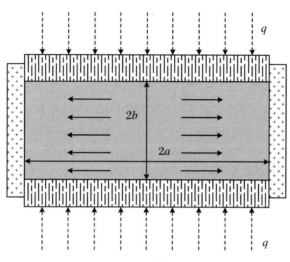

图 3.1　Mandel 问题

在 Mandel(1953) 的原始工作中，多孔介质被假设为各向同性和不可压缩(孔隙水和土体颗粒均认为不可压缩)的，且只提供了孔隙压力场的解。不少科研工作者对其工作进行了拓展。例如，Abousleiman et al.(1996) 将其推广到横观各向同性和可压缩多孔介质的情形，而且给出了问题的完整(即孔隙压力场、位移场和应力场)解答。

3.2.3　Cryer 问题

如前文所述，Cryer(1963) 研究了外边界承受静水压力 q 的直径为 $2a$ 的球体饱和土样的 Biot 固结/孔隙弹性问题。在其工作中，假设孔隙流体和骨架颗粒均不可压缩，球体外层为透水边界，且考虑等温条件。通常，我们对球体中心点的孔隙压力 p_c 特别感兴趣。Cryer 给出了如下的解析解：

$$p_c = \eta q \cdot \sum_{j=1}^{\infty} \frac{\sin \xi_j - \xi_j}{(\eta - 1)\sin \xi_j + \eta \xi_j \cos (\xi_j/2)} \exp\{ - \xi_j^2 C_V t / a^2 \} \quad (3.2.4)$$

其中，ξ_j 为方程 $(1 - \eta\xi_j^2/2)\tan\xi_j = \xi_j$ 的正根。

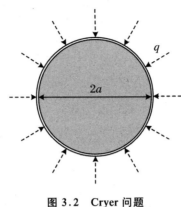

图 3.2　Cryer 问题

Cryer 的解答适用于等温问题。针对非等温 Cryer 问题，Belotserkovets 和 Prévost(2011)进一步利用拉普拉斯变换、反演和留数定理推导得到了解析解。该解析解的通用性使其可以用于分析生产实践中各种各样的热固结/热孔隙弹性问题。

3.2.4　McNamee-Gibson 问题

1. 问题描述

考虑无限大孔隙弹性半空间平面应变固结问题(图 3.3)。在表面施加法向条带状均布载荷(载荷集度为 q，宽度为 $2a$)。

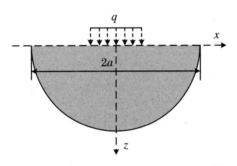

图 3.3　平面应变 McNamee-Gibson 问题

控制方程组　对于平面应变固结/孔隙弹性问题，其渗流场/压力场方程可缩减为(Verruijt,2016)

$$S \frac{\partial p}{\partial t} + \alpha \frac{\partial \varepsilon_v}{\partial t} = \frac{\kappa}{\gamma_f} \left(\frac{\partial^2 p}{\partial x^2} + \frac{\partial^2 p}{\partial z^2} \right) \tag{3.2.5}$$

其中, $\alpha = 1 - C_s/C_b$ 是 Biot 孔隙弹性系数, C_s 为骨架颗粒的压缩系数, $C_s = 1/K_s$, 而 C_b 为多孔介质体积压缩系数, $C_b = 1/K_b = 1/K$; $S = \phi C_f + (\alpha - \phi) C_s$ 代表储存系数或贮水系数, C_f 为孔隙流体的压缩系数, $C_f = 1/K_f$; κ 为多孔介质渗透系数; γ_f 为孔隙流体重度。

回顾之前的论述, 读者应还记得 $\phi C_t = \phi/K_f + (\alpha - \phi)/K_s$。考虑到压缩系数与体积弹性模量的倒数关系, 则有 $\phi C_t = \phi C_f + (\alpha - \phi) C_s$, 进一步可得

$$S = \phi C_t \tag{3.2.6}$$

根据前文, C_t 称为多孔介质总体压缩系数, 是渗流力学或孔隙弹性力学/多孔介质力学中的常用术语, 而 S 在水文地质学或土力学中更为常用。

在土力学实践中, Darcy 定律里的系数常以渗透系数 κ 而非渗透率 k 的方式表达。渗透系数 κ (也称水力传导率、导水率) 定义为 (Verruijt, 2016)

$$\kappa = \frac{k \rho_f g}{\mu_f} = \frac{k \gamma_f}{\mu_f} \tag{3.2.7}$$

其中, μ_f 表示孔隙流体的动力黏度/黏性系数。

为便于对比, 我们不妨再次写出本书所采用的通用形式的孔隙弹性问题的位移场方程组和压力场控制方程, 即

位移场方程组:

$$G \nabla^2 u + \frac{G}{1 - 2\nu} \frac{\partial \varepsilon_v}{\partial x} - \alpha \frac{\partial p}{\partial x} = 0 \tag{3.2.8a}$$

$$G \nabla^2 v + \frac{G}{1 - 2\nu} \frac{\partial \varepsilon_v}{\partial y} - \alpha \frac{\partial p}{\partial y} = 0 \tag{3.2.8b}$$

$$G \nabla^2 w + \frac{G}{1 - 2\nu} \frac{\partial \varepsilon_v}{\partial z} - \alpha \frac{\partial p}{\partial z} + f_z = 0 \tag{3.2.8c}$$

压力场控制方程:

$$\nabla \cdot \left[\frac{k_f}{\mu_f} (\nabla p - \rho_f \boldsymbol{g}) \right] + q = \alpha \frac{\partial \varepsilon_v}{\partial t} + \left(\frac{\phi}{K_f} + \frac{\alpha - \phi}{K_s} \right) \frac{\partial p}{\partial t} \tag{3.2.8d}$$

如果忽略重力效应, 则上述方程组可简化为

$$G \nabla^2 u + \frac{G}{1 - 2\nu} \frac{\partial \varepsilon_v}{\partial x} - \alpha \frac{\partial p}{\partial x} = 0 \tag{3.2.9a}$$

$$G \nabla^2 v + \frac{G}{1-2\nu} \frac{\partial \varepsilon_V}{\partial y} - \alpha \frac{\partial p}{\partial y} = 0 \qquad (3.2.9\text{b})$$

$$G \nabla^2 w + \frac{G}{1-2\nu} \frac{\partial \varepsilon_V}{\partial z} - \alpha \frac{\partial p}{\partial z} = 0 \qquad (3.2.9\text{c})$$

$$\nabla^2 p = \frac{\alpha}{\lambda_f} \frac{\partial \varepsilon_V}{\partial t} + \frac{1}{\chi} \frac{\partial p}{\partial t} - \frac{1}{\lambda_f} q \qquad (3.2.9\text{d})$$

其中,$\lambda_f = k/\mu_f$ 代表孔隙流体流度,$\chi = \lambda_f/(\phi C_t)$ 代表压力扩散系数或导压系数。

首先对比上述压力场方程。对于平面应变的情形,忽略源汇项,则方程 (3.2.9d) 可退化为

$$\frac{\partial^2 p}{\partial x^2} + \frac{\partial^2 p}{\partial z^2} = \frac{\alpha}{\lambda_f} \frac{\partial \varepsilon_V}{\partial t} + \frac{1}{\chi} \frac{\partial p}{\partial t} \qquad (3.2.10)$$

进一步可改写为

$$\lambda_f \left(\frac{\partial^2 p}{\partial x^2} + \frac{\partial^2 p}{\partial z^2} \right) = \alpha \frac{\partial \varepsilon_V}{\partial t} + (\phi C_t) \frac{\partial p}{\partial t} \qquad (3.2.11)$$

流度的定义为 $\lambda_f = k/\mu_f$,代入渗透系数的定义式(3.2.7),有

$$\kappa = \frac{k \gamma_f}{\mu_f} = \lambda_f \gamma_f \qquad (3.2.12)$$

则

$$\lambda_f = \frac{\kappa}{\gamma_f} \qquad (3.2.13)$$

将上式和 $S = \phi C_t$(即式(3.2.6))代入式(3.2.11),得

$$\frac{\kappa}{\gamma_f} \left(\frac{\partial^2 p}{\partial x^2} + \frac{\partial^2 p}{\partial z^2} \right) = \alpha \frac{\partial \varepsilon_V}{\partial t} + S \frac{\partial p}{\partial t} \qquad (3.2.14)$$

显然,方程(3.2.14)与方程(3.2.5)是完全相同的。

此处,需要再次强调说明的是:为统一起见,本书采用渗透率 k,而基本不使用渗透系数 κ。渗透系数与渗透率之间的换算关系如式(3.2.7)所示,我们不妨重写如下:

$$\kappa = \frac{k \rho_f g}{\mu_f} = \frac{kg}{\nu_f} \qquad (3.2.15)$$

其中,$\nu_f = \mu_f/\rho_f$ 代表孔隙流体的运动黏度。

孔隙弹性力学基础

实际上,在本书第 2 章关于一维固结理论的阐述中,我们曾讨论过软黏土的固结系数,并给出两种表达形式。即以渗透率表达的 $C_{V1} = \dfrac{k}{\mu_f a}$,或以渗透系数表达的 $C_{V1} = \dfrac{\kappa}{\gamma_f a}$。考虑到两者实质上的等价性,即有 $\dfrac{k}{\mu_f a} = \dfrac{\kappa}{\gamma_f a}$,因此可得 $\kappa = \dfrac{k\gamma_f}{\mu_f}$。可见该式与式(3.2.7)完全相同。

如上所述,渗透系数与渗透率之间可以换算,可认为两者等价,但是提醒读者注意的是,两者的量纲完全不同。前者的量纲为速度量纲,而后者的为面积量纲。

以上对比了压力场方程,下面我们再对位移场方程组进行对比。

McNamee 和 Gibson(1960a)给出的位移场方程可改写为

$$(2\eta - 1)G \frac{\partial \varepsilon_V}{\partial x} + G \nabla^2 u_x - \alpha \frac{\partial p}{\partial x} = 0 \qquad (3.2.16a)$$

$$(2\eta - 1)G \frac{\partial \varepsilon_V}{\partial z} + G \nabla^2 u_z - \alpha \frac{\partial p}{\partial z} = 0 \qquad (3.2.16b)$$

其中,$\eta = \dfrac{1-\nu}{1-2\nu}$。

将 $\eta = \dfrac{1-\nu}{1-2\nu}$ 代入上式,可得

$$\frac{G}{1-2\nu} \frac{\partial \varepsilon_V}{\partial x} + G \nabla^2 u_x - \alpha \frac{\partial p}{\partial x} = 0 \qquad (3.2.17a)$$

$$\frac{G}{1-2\nu} \frac{\partial \varepsilon_V}{\partial z} + G \nabla^2 u_z - \alpha \frac{\partial p}{\partial z} = 0 \qquad (3.2.17b)$$

而式(3.2.17a)和式(3.2.17b)正是忽略重力效应的式(3.2.9a)和式(3.2.9c),即平面应变情形的位移场方程组。

注意,式(3.2.16)采用的是 Biot 有效应力原理(有效应力系数为 α),而因为 McNamee 和 Gibson(1960a)原文采用的是 Terzaghi 有效应力,所以其位移场方程更为简单(即式(3.2.16)中的 α 被 1 代替)。

在平面应变 McNamee-Gibson 问题的位移场和压力场控制方程组明确后,我们接下来考察该问题的边界条件。

对于图 3.3 所示半空间($z \geqslant 0$)的平面应变 McNamee-Gibson 问题,假设土层表面完全透水,仅作用法向条带状均布载荷,则表面的边界条件可写为

$$\begin{cases} z = 0, \quad p = 0 \\ z = 0, \quad \tau_{xz} = 0 \\ z = 0, \quad \sigma_{zz} = \begin{cases} q, & |x| \leqslant a \\ 0, & |x| > a \end{cases} \end{cases} \tag{3.2.18}$$

实际上,McNamee 和 Gibson(1960b)首先处理的是表面不透水的情形,然后采用类似方法处理了上述表面完全透水的情形。

2. 解析解

McNamee 和 Gibson(1960a)通过推导引入位移函数 D 和 F,将求解位移场和孔隙压力场的问题转化为求解位移函数 D 和 F 的问题,并进一步给出了该问题在拉普拉斯变换域上的解(McNamee,Gibson,1960b)。笔者认为,此处位移函数的作用可类比于弹性力学中常用的应力函数法。

位移函数法的基本思路如下:首先,通过数学推导将位移场方程组和压力场方程转化为位移函数 D 和 F(调和函数)所应满足的如下微分方程:

$$\begin{cases} \nabla^2 F = 0 \\ \dfrac{\partial}{\partial t} \nabla^2 D = c \, \nabla^2 \nabla^2 D \end{cases} \tag{3.2.19}$$

然后,在拉普拉斯变换域上求得 D 和 F 的通解形式,再将上述边界条件式(3.2.18)进行拉普拉斯变换,求得通解中的待定系数,从而得到所考察问题的 D 和 F 在变换域上的解。

在求得 D 和 F 后,孔隙压力和位移场可由如下关系式获得:

$$\begin{cases} u_x = -\dfrac{\partial D}{\partial x} + z \dfrac{\partial F}{\partial x} \\ u_z = -\dfrac{\partial D}{\partial z} + z \dfrac{\partial F}{\partial z} + (1 - 2\psi)F \\ \dfrac{\alpha p}{2G} = -\eta \, \nabla^2 D + \phi \dfrac{\partial F}{\partial z} \end{cases} \tag{3.2.20}$$

其中

$$\psi = \frac{\alpha^2 + S(K + 4G/3)}{\alpha^2 + S(K + G/3)}, \quad \phi = \psi + 2\eta(1 - \psi)$$

当然,因为 D 和 F 的解是在拉普拉斯空间获得的,所以在利用 D 和 F 求位移和孔隙压力时,通常也是对上述关系式进行拉普拉斯变换,即实际得到的是拉普拉斯变换域上的位移和孔隙压力的解。鉴于 D 和 F 及位移和孔隙压力在拉普拉斯空间的解均为非常复杂的积分形式,而且待定系数形式亦非常复杂,此处略去其具体表达式。另外,物理空间上的解还需要对上述解进行拉普拉斯反演/积分反变换方可获得。

需要说明的是,在 McNamee 和 Gibson(1960a,1960b)原文中位移函数用 E 和 S 表示,而此处我们借鉴了 Verruijt(2016)的做法,即分别改用 D 和 F 代替之。如此处理的原因在于 E 和 S 通常(本书亦是如此)被分别用来表示杨氏模量和储存系数。

对于无限大半空间轴对称孔隙弹性/固结问题,其相应表面载荷为圆形载荷,McNamee 和 Gibson(1960b)同理利用位移函数法进行了求解,此处略去。感兴趣的读者可直接查阅该文献。

以上无限大半空间平面应变固结和轴对称固结问题(表面承受载荷作用)通常被后人称为 McNamee-Gibson 问题。

实际上,早在 1941 年,Biot(1941b)以及 Biot 和 Clingan(1941c)就给出了无限大半空间软土层在上表面承受矩形载荷(即上述条带状均布载荷)时沉降量/竖向位移的解析解。前者适用于表面透水的情形,而后者适用于表面不透水的情形。换言之,上述 1941 年的工作最早给出了平面应变固结沉降量的解析解。目前,在相关论文或著作中,综述或回顾平面应变固结的解析解时,McNamee 和 Gibson 的工作通常会被提及,然而上述 1941 年的原始工作却常常被忽略。为还原历史真相,笔者在此对这一点特别予以指出。当然也有一些著作还原了事实。例如,在 Cheng(2016)中,提及了上述 1941 年的解析解。更有趣的是,如果读者细致阅读 McNamee 和 Gibson(1960a,1960b),不难发现,McNamee 和 Gibson 的这两篇论文中无一例外地都引用和评论了 Biot 早期发表在《应用物理学报》的三篇论文,即 Biot(1941a,1941b)、Biot 和 Clingan(1941c)。

3.2.5 Booker-Carter 问题

饱和多孔介质弹性半空间因定流量点汇诱发的孔隙弹性问题的解析解,首先是由 Booker 和 Carter(1986,1987)研究和解决的。在其解析解中,土层弹性属性假设为各向同性,而渗透率假设为各向同性(Booker,Carter,1986)或横观各向同性的(Booker,Carter,1987)。基于上述工作,Tarn 和 Lu(1991)进一步给出了土层弹性属性和渗透率均横观各向同性时的稳态封闭解,并探讨了地层横观各向同性及地面边界条件对地面沉降的影响。Chen(2003)给出了饱和孔隙弹性半空间多层地基因抽水引起的稳态解析解,并考察了三种不同抽水方式和三种不同边界条件对结果的影响。Barry 等(1997)则给出了有限厚度饱和土层(径向尺寸无限大)因点源诱发的位移场和渗流场的稳态解析解。

鉴于 Booker 和 Carter 的重要贡献,本小节简要讲述 Booker-Carter 问题。

在 Booker-Carter 问题中,半空间表面假设为自由表面(无应力)和完全透水($p=0$),这通常与物理实际相吻合。半空间土层内孔隙水井点抽取/地下流体(油气)开采可利用点汇表征(即将井视为一个点汇)。

关于点汇诱发流动的定解问题,通常有两种处理方法(孔祥言,2020):一种是把点汇作为压力场控制方程中的源汇项(即源汇项体现为一个 Dirac δ 函数的非齐次项);另一种是将井筒(点汇)视为所研究问题的一个流量内边界条件,压力场控制方程中不含源汇项,因而是齐次方程,它适用于去掉井点的复连通区域。需要指出的是,以上是对于同一定解问题的两种不同提法,虽然两种处理方法不同,但其结果是相同的,即两者本质上是等效的。

实际上,流量内边界条件可由 Darcy 定律导出。即在柱坐标系下,有

$$\lim_{r \to 0}\left(r\,\frac{\partial p}{\partial r} \right) = \frac{q_0 \mu}{2\pi k} \tag{3.2.21}$$

其中,q_0 为井点汇强度。假设地层厚度为 h,井的体积流量为 Q,则有 $Q = q_0 h$。上式可改写为

$$\lim_{r \to 0}\left(r\,\frac{\partial p}{\partial r} \right) = \frac{Q\mu}{2\pi k h} \tag{3.2.22}$$

式(3.2.22)即井筒(点汇)的第二种处理方法,即柱坐标系下的井筒流量内边界条件(孔祥言,2020)。

对于球坐标系情形,式(3.2.22)需改写为

$$\lim_{r \to 0}\left(r^2\,\frac{\partial p}{\partial r} \right) = \frac{Q\mu}{4\pi k} \tag{3.2.23}$$

Booker 和 Carter(1986,1987)所采用的是第一种处理方法,即将点汇作为压力场方程右端的非齐次项 q。假设点汇位于坐标系原点,点汇强度为 q_0,则有

$$q = q_0 \delta(x)\delta(y)\delta(z) \tag{3.2.24}$$

其中,$\delta(x)$ 是 Dirac δ 函数(或称点源函数)。

对于土层弹性力学参数和渗透率均为各向同性的情形,Booker 和 Carter(1986)给出了应力场、孔隙压力场和位移场的解析解,分别见其原文式(18)、式

(27)和式(37)。

3.2.6　Barry-Mercer 问题

不难发现,不论是本书以上已介绍的经典问题的解析解,还是其他文献可见的孔隙弹性问题的解析解,它们中的绝大多数都是针对无限或半无限区域的,即都是在假设地层水平方向(或径向)尺寸为无穷大的前提下获得的。然而在工程实践中,对于具体物理问题(例如软土地基固结、承压含水层抽水或基坑降水等),不论考虑二维或三维问题,其水平方向尺寸或径向尺寸通常都是有限的。

对轴对称三维多孔介质层而言,因受其本身几何尺寸所限,其径向尺寸(即半径)通常不可能是无穷大。尤其对于单井抽取(如油井采油)或深基坑工程降水所诱发局域性地面沉降等问题,其所辖区域的半径明显是有限的,而若仍作为无穷大处理,显然不太合理。同样,对于二维问题,其水平方向尺寸通常也不可能是无穷大。而且用无限区域的解析解来验证数值解难免会有误差,因为数值解通常局限于有限区域,理论上不可能算到无限大区域(例如,即便半径为无穷大,计算时也只能将其作为很大的值处理)。因此,非常有必要研究有限二维区域或有限三维区域 Biot 固结理论的解析解。

Barry 和 Mercer(1999)在此方面率先开展了先驱性的工作。他们在国际上首次给出了各向同性不可压缩有限矩形区域内因点汇诱发的孔隙弹性问题的瞬态解析解。该解析解适用于孔隙压力场第一类边界条件的情形。

下面给出其数学模型。

1. 控制方程组

考虑有限矩形区域($0 \leqslant x \leqslant a$，$0 \leqslant z \leqslant b$)内任一位置($x_0$,$z_0$)的点源 Q 诱发的孔隙弹性问题,见图 3.4。为简单起见,我们假设：① 多孔介质为单相流体所饱和,且流动符合 Darcy 定律；② 多孔介质为均质、各向同性和线弹性的,且变形符合小应变假设；③ 多孔介质(孔隙流体和固体骨架)不可压缩；④ 忽略体积力的影响；⑤ 流动和变形耦合过程(流固耦合渗流)视为准静态过程。

在上述假设下,无量纲二维 Biot 固结理论可直接写为

$$(m+1)\frac{\partial^2 u}{\partial x^2} + \frac{\partial^2 u}{\partial z^2} + m\frac{\partial^2 w}{\partial x \partial z} = (m+1)\frac{\partial p}{\partial x} \qquad (3.2.25a)$$

$$(m+1)\frac{\partial^2 w}{\partial z^2} + \frac{\partial^2 w}{\partial x^2} + m\frac{\partial^2 u}{\partial x \partial z} = (m+1)\frac{\partial p}{\partial z} \qquad (3.2.25b)$$

$$\frac{\partial^2 p}{\partial x^2} + \frac{\partial^2 p}{\partial z^2} = \frac{\partial \varepsilon_v}{\partial t} - \alpha Q \qquad (3.2.25c)$$

其中

$$x = \frac{\hat{x}}{h}, \quad z = \frac{\hat{z}}{h}, \quad t = \hat{t} \cdot \frac{(\lambda + 2\mu)\hat{k}}{h^2}$$

$$u = \frac{\hat{u}}{h}, \quad w = \frac{\hat{w}}{h}, \quad p = \frac{\hat{p}}{\lambda + 2\mu} \qquad (3.2.26)$$

$$\varepsilon_v = \frac{\partial u}{\partial x} + \frac{\partial w}{\partial z}, \quad \alpha = \frac{h^2 \hat{\alpha}}{(\lambda + 2\mu)\hat{k}}, \quad m = \frac{1}{1 - 2\nu}$$

$\hat{u}$ 和 $\hat{w}$ 分别为多孔介质骨架水平方向和竖直方向的位移大小;$\hat{p}$ 为孔隙流体压力;h 为多孔介质的特征长度;$\hat{k}$ 是 Barry 和 Mercer(1999)所定义的渗透率;λ 是 Lame 弹性常数;ε_v 为体积应变;Q 为点汇强度;$\hat{\alpha}$ 是点汇强度系数;ν 是泊松比。

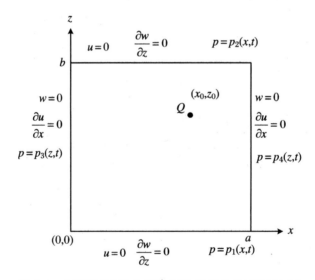

图 3.4　有限矩形多孔介质及点汇、边界条件示意图(Ⅰ)

2. 边界条件和初始条件

如前文所述,该工作给定孔隙压力场符合第一类边界条件(即 Dirichlet 边界条件),即分别给定所考察矩形区域边界(即四条边)上的孔隙压力值,见图 3.4。为获得方程组(3.2.25)的解析解,需要设定与之匹配的位移场边界条件,如图 3.4 所示。为了使读者能更清楚地理解和认识边界条件在获取所研究孔隙弹性问题的解析解中的重要地位,我们再次给出图 3.4 所表达的孔隙压力场和位移场边界条件。

孔隙压力场边界条件为

$$p = p_1(x,t), \quad z = 0 \tag{3.2.27a}$$

$$p = p_2(x,t), \quad z = b \tag{3.2.27b}$$

$$p = p_3(z,t), \quad x = 0 \tag{3.2.27c}$$

$$p = p_4(z,t), \quad x = a \tag{3.2.27d}$$

位移场边界条件为

$$u = 0, \quad \frac{\partial w}{\partial z} = 0, \quad z = 0, z = b \tag{3.2.27e}$$

$$w = 0, \quad \frac{\partial u}{\partial x} = 0, \quad x = 0, x = a \tag{3.2.27f}$$

在上述边界条件作用下,Barry 和 Mercer(1999)实施了有限傅里叶变换和拉普拉斯变换以获得所研究问题的精确解,其中所给出的与上述边界条件相匹配的积分变换变量为

$$\begin{cases} \bar{u}(n,q,s) = LC_{xn}S_{zq}\{u(x,z,t)\} \\ \bar{w}(n,q,s) = LS_{xn}C_{zq}\{w(x,z,t)\} \\ \bar{p}(n,q,s) = LS_{xn}S_{zq}\{p(x,z,t)\} \end{cases} \tag{3.2.28}$$

其中,$L\{\ \}$,$C_{xn}\{\ \}$,$C_{zq}\{\ \}$,$S_{xn}\{\ \}$ 和 $S_{zq}\{\ \}$ 分别代表对 $\{\ \}$ 内的因变量/函数实施拉普拉斯变换、x 方向有限余弦变换、z 方向有限余弦变换、x 方向有限正弦变换和 z 方向有限正弦变换。关于拉普拉斯变换和有限正余弦变换的定义和性质,此处略去,读者可参考 3.3.1 小节获取相关细节。

根据式(3.2.28),分别对式(3.2.25a)~式(3.2.25c)实施变换 $LC_{xn}S_{zq}\{\ \}$,$LS_{xn}C_{zq}\{\ \}$ 和 $LS_{xn}S_{zq}\{\ \}$,得到

$$A \begin{bmatrix} \bar{u} \\ \bar{w} \\ \bar{p} \end{bmatrix} = B \tag{3.2.29}$$

其中

$$A = \begin{bmatrix} (m+1)\lambda_n^2 + \lambda_q^2 & m\lambda_n\lambda_q & (m+1)\lambda_n \\ m\lambda_n\lambda_q & (m+1)\lambda_q^2 + \lambda_n^2 & (m+1)\lambda_q \\ \lambda_n & \lambda_q & -(\lambda_n^2 + \lambda_q^2)/s \end{bmatrix}$$

$$B = \begin{pmatrix} (m+1)B_1 \\ (m+1)B_2 \\ B_3 \end{pmatrix}$$

且

$$\lambda_n = n\pi/a, \quad \lambda_q = q\pi/b$$

$$B_1 = \bar{p}_3 - (-1)^n \bar{p}_4, \quad B_2 = \bar{p}_1 - (-1)^q \bar{p}_2, \quad B_3 = -\frac{1}{s}(\lambda_n B_1 + \lambda_q B_2 + \alpha \bar{Q})$$

这里

$$\bar{p}_1(n,s) = LS_{xn}\{p_1'(x,t)\}, \quad \bar{p}_2(n,s) = LS_{xn}\{p_2'(x,t)\}$$

$$\bar{p}_3(q,s) = LS_{zq}\{p_3'(z,t)\}, \quad \bar{p}_4(q,s) = LS_{zq}\{p_4'(z,t)\}$$

$$\bar{Q} = \bar{Q}(n,q,s) = LS_{xn}S_{zq}\{Q(x,z,t)\}$$

对于方程(3.2.29),直接利用矩阵求逆法,得到其解为

$$\bar{u}(n,q,s) = B_1 \frac{(1+m)\lambda_q^2}{\tilde{\lambda}^2} - B_2 \frac{(1+m)\lambda_n\lambda_q}{\tilde{\lambda}^2} - \alpha\bar{Q}\frac{\lambda_n}{\tilde{\lambda}(\tilde{\lambda}+s)}$$

$$(3.2.30a)$$

$$\bar{w}(n,q,s) = -B_1 \frac{(1+m)\lambda_n\lambda_q}{\tilde{\lambda}^2} + B_2 \frac{(1+m)\lambda_n^2}{\tilde{\lambda}^2} - \alpha\bar{Q}\frac{\lambda_q}{\tilde{\lambda}(\tilde{\lambda}+s)}$$

$$(3.2.30b)$$

$$\bar{p}(n,q,s) = B_1 \frac{\lambda_n}{\tilde{\lambda}} + B_2 \frac{\lambda_q}{\tilde{\lambda}} + \alpha\bar{Q}\frac{1}{\tilde{\lambda}+s}$$

$$(3.2.30c)$$

其中,$\tilde{\lambda} = \lambda_n^2 + \lambda_q^2$。

式(3.2.30)是方程组(3.2.25)在变换域上的解析解,即 Barry 和 Mercer (1999)中的式(19)。它们适用于孔隙压力场第一类边界条件及与之相匹配的位移场边界条件(图3.4)。

Barry 和 Mercer(1999)基于上述解析解,考虑了以下两种情况的解:一种是边界压力为零,流动由内部正弦周期点源驱动;另一种是无源汇项,流动仅由下边界 $z=0$ 处给定的压力 $p_1(x,t) = \beta[H(x-x_0) - H(x-x_1)]F(t)$ 驱动。此处不再赘述,读者可参考其原文。

3.3 笔者提出的解析解

3.2节阐述了几个经典/基础孔隙弹性问题的解析解,本节则重点讲述笔者研究小组近年来得到的解析解。区别于以往绝大多数无限或半无限区域的解析解,本节的解析解适用于有限区域。如3.2.6小节所述,鉴于实际工程问题水平或径向尺寸的有限性,本节的解析解更具有工程实用性。另外,需要特别指出和感谢的是,笔者在研究有限区域孔隙弹性问题的过程中,思路在很大程度上受到了 Barry 和 Mercer(1999)的启发,并对该文多有参考和借鉴。因此,从某种意义上说,本节的解析解可认为是 Barry 和 Mercer(1999)解析解的姊妹篇,也是其工作的延续和拓展。

3.3.1 不可压缩平面应变孔隙弹性通用解析解

如3.2节所述,文献中报道的绝大多数孔隙弹性问题的解析解都是假设研究区域为无限大或半无限大。而在生产实践中,所研究的具体问题的尺寸通常是有限的,因此非常有必要研究有限区域内孔隙弹性问题的解析解。3.2.6小节已介绍了 Barry 和 Mercer 在此方面开展的卓越工作。即他们首次给出了各向同性不可压缩有限矩形多孔介质内部点源诱发的流动变形耦合问题的瞬态解析解。该解析解适用于孔隙压力场符合第一类边界条件的情形。对于孔隙压力场符合第二类边界条件的情形,笔者(Li,Lu,2011)利用积分变换方法详细推导了其点汇解析解。

1. 数学模型

（1）控制方程组

本小节考虑有限矩形区域（$0 \leqslant x \leqslant a$，$0 \leqslant z \leqslant b$）内任一位置（$x_0$，$z_0$）的点汇 Q 诱发的孔隙弹性问题,见图3.5。为方便起见,我们采取与3.2.6小节 Barry-Mercer 问题完全相同的假设,此处不再赘述。

在上述假设下,无量纲二维 Biot 固结理论可写为式（3.2.25）。为便于后文引用,此处重写如下:

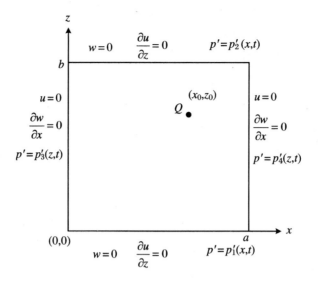

图 3.5 有限矩形多孔介质及点汇、边界条件示意图(Ⅱ)

$$(m + 1) \frac{\partial^2 u}{\partial x^2} + \frac{\partial^2 u}{\partial z^2} + m \frac{\partial^2 w}{\partial x \partial z} = (m + 1) \frac{\partial p}{\partial x} \tag{3.3.1a}$$

$$(m + 1) \frac{\partial^2 w}{\partial z^2} + \frac{\partial^2 w}{\partial x^2} + m \frac{\partial^2 u}{\partial x \partial z} = (m + 1) \frac{\partial p}{\partial z} \tag{3.3.1b}$$

$$\frac{\partial^2 p}{\partial x^2} + \frac{\partial^2 p}{\partial z^2} = \frac{\partial \varepsilon_V}{\partial t} - \alpha Q \tag{3.3.1c}$$

方程组(3.3.1)中变量和参数的定义及含义,请参考式(3.2.26)及其说明。

(2) 边界条件和初始条件

这里,我们考虑孔隙压力场满足第二类边界条件(图3.5)的情形,即在研究区域的边界(即矩形区域的四条边)上,孔隙压力场满足 Neumann 边界条件:

$$\left. \frac{\partial p(x,z,t)}{\partial z} \right|_{z=0} = p_1'(x,t) \tag{3.3.2a}$$

$$\left. \frac{\partial p(x,z,t)}{\partial z} \right|_{z=b} = p_2'(x,t) \tag{3.3.2b}$$

$$\left. \frac{\partial p(x,z,t)}{\partial x} \right|_{x=0} = p_3'(z,t) \tag{3.3.2c}$$

$$\left. \frac{\partial p(x,z,t)}{\partial x} \right|_{x=a} = p_4'(z,t) \tag{3.3.2d}$$

在此,我们不妨将上述孔隙压力场的第二类边界条件与3.2.6小节所述孔隙压力场的第一类边界条件进行对比,即图3.5与图3.4直接对比。实际上,下文也证明,两者孔隙压力场边界条件的不同会影响到各自所采取积分变换公式的形式,也会影响到与之匹配的位移场边界条件的形式。

下面我们详细讲述求偏微分方程(组)解析解中常用的拉普拉斯积分变换和有限正余弦积分变换。

一般而言,拉普拉斯变换定义为

$$L\{f(t)\} = \bar{f}(s) = \int_0^\infty f(t)\mathrm{e}^{-st}\mathrm{d}t \tag{3.3.3a}$$

这里,我们不妨假设初始条件为 $u(x,z,t=0)=0$,$w(x,z,t=0)=0$,$p(x,z,t=0)=0$,旨在简化控制方程组(3.3.1a)~(3.3.1c)的拉普拉斯变换。当然,考虑到拉普拉斯变换本身实质上较为简单,因此也可给定更一般的初始条件,例如 $u(x,z,t=0)=u_0(x,z)$,$w(x,z,t=0)=w_0(x,z)$,$p(x,z,t=0)=p_0(x,z)$。

由于所研究的区域为有限矩形区域,相应的傅里叶变换应采取有限正余弦变换的形式。这里,我们重写出有限正余弦变换的定义和特性如下:

$$C_{xn}\{f(x)\} = \int_0^T f(x)\cos(\lambda_n x)\mathrm{d}x = \bar{f}_0(n)$$

$$f(x) = \frac{1}{T}\bar{f}_0(0) + \frac{2}{T}\sum_{n=1}^\infty \bar{f}_0(n)\cos(\lambda_n x)$$

$$S_{xn}\{f(x)\} = \int_0^T f(x)\sin(\lambda_n x)\mathrm{d}x = \bar{f}_1(n) \tag{3.3.3b}$$

$$f(x) = \frac{2}{T}\sum_{n=1}^\infty \bar{f}_1(n)\sin(\lambda_n x)$$

$$S_{xn}\{f''(x)\} = -\lambda_n^2 \bar{f}_1(n) + \lambda_n f(0) - (-1)^n \lambda_n f(T)$$

$$C_{xn}\{f''(x)\} = -\lambda_n^2 \bar{f}_0(n) - f'(0) + (-1)^n f'(T)$$

$$S_{xn}\{f'(x)\} = -\lambda_n \bar{f}_0(n)$$

$$C_{xn}\{f'(x)\} = \lambda_n \bar{f}_1(n) - f(0) + (-1)^n f(T)$$

其中,$\lambda_n = n\pi/T (n=0,1,2,\cdots)$。

由式(3.3.3b)不难看出,如果边界条件相关项 $f(0)$,$f'(0)$,$f(T)$ 和 $f'(T)$ 等于零,那么控制方程组(3.3.1a)~(3.3.1c)的有限正余弦变换将会得到极大简化。换言之,定解条件(初始条件和边界条件)需要谨慎选择指定,以与控制方程组的合理积分变换相匹配,从而才有可能获得解析解。

具体到本小节所考察的问题,在已给定的式(3.3.2a)~式(3.3.2d)压力场边界条件下,我们经过认真筛选,最终选择如下的位移场边界条件:

$$w = 0, \quad \frac{\partial u}{\partial z} = 0, \quad z = 0, z = b \quad\quad (3.3.4a)$$

$$u = 0, \quad \frac{\partial w}{\partial x} = 0, \quad x = 0, x = a \quad\quad (3.3.4b)$$

实际上,位移场边界条件式(3.3.4a)~式(3.3.4b)也已表达在图 3.5 中,即图 3.5 清楚展示了本小节所考察的孔隙弹性问题的孔隙压力场和位移场的边界条件。

控制方程组(3.3.1)与边界条件(图 3.5)和初始条件共同构成了所考察的点汇诱发孔隙弹性的定解问题。下面试图利用积分变换法求出该定解问题的解析解。

2. 解析解求解

在上述孔隙压力场以及位移场边界条件和初始条件作用下,我们给出相应的积分变换变量(注意与式(3.2.28),即 Barry 和 Mercer(1999)给出的积分变换变量 $\bar{u}(n,q,s) = LC_{xn}S_{zq}\{u(x,z,t)\}$,$\bar{w}(n,q,s) = LS_{xn}C_{zq}\{w(x,z,t)\}$,$\bar{p}(n,q,s) = LS_{xn}S_{zq}\{p(x,z,t)\}$ 的对比)如下:

$$\begin{aligned}
\bar{u}(n,q,s) &= LS_{xn}C_{zq}\{u(x,z,t)\} \\
\bar{w}(n,q,s) &= LC_{xn}S_{zq}\{w(x,z,t)\} \\
\bar{p}(n,q,s) &= LC_{xn}C_{zq}\{p(x,z,t)\}
\end{aligned} \quad\quad (3.3.5)$$

我们发现(下文的解析解求解过程也证明),在上述定解条件式(3.3.2)及式(3.3.4)和积分变换式(3.3.5)的共同作用下,可顺利对控制方程组(3.3.1)实施积分变换和反演,并获得所考察问题的最简单的解析解。

对上述控制方程组实施积分变换,得到

$$A \begin{bmatrix} \bar{u} \\ \bar{w} \\ \bar{p} \end{bmatrix} = B \quad\quad (3.3.6)$$

其中

$$A = \begin{bmatrix} (m+1)\lambda_n^2 + \lambda_q^2 & m\lambda_n\lambda_q & -(m+1)\lambda_n \\ m\lambda_n\lambda_q & (m+1)\lambda_q^2 + \lambda_n^2 & -(m+1)\lambda_q \\ \lambda_n & \lambda_q & (\lambda_n^2 + \lambda_q^2)/s \end{bmatrix}, \quad B = \begin{bmatrix} 0 \\ 0 \\ B_3 \end{bmatrix}$$

且

$$\lambda_n = n\pi/a, \quad \lambda_q = q\pi/b,$$

$$B_3 = \frac{1}{s}(B_1 + B_2 - \alpha\bar{Q}), \quad B_1 = \bar{p}_3 - (-1)^n\bar{p}_4, \quad B_2 = \bar{p}_1 - (-1)^q\bar{p}_2$$

式中

$$\bar{p}_1(n,s) = LC_{xn}\{p'_1(x,t)\}, \quad \bar{p}_2(n,s) = LC_{xn}\{p'_2(x,t)\}$$

$$\bar{p}_3(q,s) = LC_{zq}\{p'_3(z,t)\}, \quad \bar{p}_4(q,s) = LC_{zq}\{p'_4(z,t)\}$$

$$\bar{Q} = \bar{Q}(n,q,s) = LC_{xn}C_{zq}\{Q(x,z,t)\}$$

如果将上述 A 和 B 与 3.2.6 小节 Barry-Mercer 问题中的 A 和 B 对比,不难发现,两者的元素变化很大,这归因于积分变换公式发生了明显的变化。即由 Barry 和 Mercer 的式(3.2.28)变成了当前问题的式(3.3.5)。

同理,利用矩阵求逆法,可得到方程组(3.3.6)的解为

$$\bar{u}(n,q,s) = \frac{\lambda_n}{\tilde{\lambda}(\tilde{\lambda}+s)}(B_1 + B_2 - \alpha\bar{Q}) \tag{3.3.7a}$$

$$\bar{w}(n,q,s) = \frac{\lambda_q}{\tilde{\lambda}(\tilde{\lambda}+s)}(B_1 + B_2 - \alpha\bar{Q}) \tag{3.3.7b}$$

$$\bar{p}(n,q,s) = \frac{1}{\tilde{\lambda}+s}(B_1 + B_2 - \alpha\bar{Q}) \tag{3.3.7c}$$

其中,$\tilde{\lambda} = \lambda_n^2 + \lambda_q^2$。

式(3.3.7)是方程组(3.3.1)在变换域上的解析解,它们适用于孔隙压力场第二类边界条件及与之相匹配的位移场边界条件。显然,它们比 3.2.6 小节 Barry-Mercer 问题的解析解式(3.2.30)(适用于孔隙压力场第一类边界条件)简单得多。换言之,可能式(3.3.7)是方程组(3.3.1)的最简单的解析解。另外需要提醒的是,虽然式(3.3.7)与式(3.2.30)在形式上相似,但是在式(3.3.7)中,$\bar{Q} = LC_{xn}C_{zq}\{Q(x,z,t)\}$,然而在式(3.2.30)中,$\bar{Q} = LS_{xn}S_{zq}\{Q(x,z,t)\}$。

此外,注意到式(3.3.7)中并不包括弹性参数 m,而且其他参数和变量(例如 B_1,B_2,$\alpha\bar{Q}$,$\tilde{\lambda}$,λ_n,λ_q 和 s)均独立于 m。所以,我们可以断言,所考察的问题在物理空间上的解析解不依赖于 m。考虑到 $m = 1/(1-2\nu)$,即该问题在物理空间上的解析解始终独立于多孔介质的泊松比。本书解析解的这种独特性可归因于本书特定边界条件和流动变形耦合的相互作用。

假设点源 $Q(x,z,t)$ 和四条边上的压力导数都已提供,那么 $\bar{u}(n,q,t)$,

$\bar{w}(n,q,t)$ 和 $\bar{p}(n,q,t)$ 可通过拉普拉斯反演得到,即有

$$\bar{u}(n,q,t) = L^{-1}\{\bar{u}(n,q,s)\}$$
$$\bar{w}(n,q,t) = L^{-1}\{\bar{w}(n,q,s)\} \tag{3.3.8}$$
$$\bar{p}(n,q,t) = L^{-1}\{\bar{p}(n,q,s)\}$$

那么物理空间上的通用解析解可利用式(3.3.3b)里的有限正余弦反演公式获得,即有

$$u(x,z,t) = \frac{2}{ab}\sum_{n=1}^{\infty}\bar{u}(n,0,t)\sin(\lambda_n x) + \frac{4}{ab}\sum_{q=1}^{\infty}\sum_{n=1}^{\infty}\bar{u}(n,q,t)\sin(\lambda_n x)\cos(\lambda_q z)$$

$$\tag{3.3.9a}$$

$$w(x,z,t) = \frac{2}{ab}\sum_{q=1}^{\infty}\bar{w}(0,q,t)\sin(\lambda_q z) + \frac{4}{ab}\sum_{q=1}^{\infty}\sum_{n=1}^{\infty}\bar{w}(n,q,t)\cos(\lambda_n x)\sin(\lambda_q z)$$

$$\tag{3.3.9b}$$

$$p(x,z,t) = \frac{1}{ab}\bar{p}(0,0,t) + \frac{2}{ab}\sum_{n=1}^{\infty}\bar{p}(n,0,t)\cos(\lambda_n x) + \frac{2}{ab}\sum_{q=1}^{\infty}\bar{p}(0,q,t)\cos(\lambda_q z)$$

$$+ \frac{4}{ab}\sum_{q=1}^{\infty}\sum_{n=1}^{\infty}\bar{p}(n,q,t)\cos(\lambda_n x)\cos(\lambda_q z) \tag{3.3.9c}$$

3. 结果和讨论

对比式(3.3.9)与式(3.2.30),可发现两者的不同。虽然两者的控制方程组完全相同,但正是两者的孔隙压力场和位移场边界条件不同,导致了两者解析解的差异。

为方便对比,此处考虑了两种与3.2.6小节类似的情况:一种为周期性点源和封闭边界(不透水)的情形;另一种为下边界指定压力导数和内部无源汇的情形。

(1) 周期性点源和封闭边界

不妨假设点源符合如下周期函数形式:

$$Q(x,z,t) = \delta(x - x_0)\delta(z - z_0)\sin(\omega t) \tag{3.3.10}$$

众所周知,透水和不透水是两类典型的排水/透水边界条件,它们对于理论研究和工程实践都具有重要的意义。3.2.6小节 Barry 和 Mercer 已经给出了式(3.3.10)所示的正弦周期性点源在透水边界条件(即四条边上均满足 $p = 0$)下的解析解。此处,我们考虑边界封闭(不透水)的情形,即孔隙压力场边界由满足如图3.5所示的一般第二类边界条件(即式(3.3.2a)~式(3.3.2d))退化为 $p_1' = p_2' = p_3' = p_4' = 0$。如此一来,我们有 $\bar{p}_1 = \bar{p}_2 = \bar{p}_3 = \bar{p}_4 = 0$,因此 $B_1 = B_2 = 0$。将

$B_1 = B_2 = 0$ 代入式(3.3.7),得到

$$\bar{u}(n,q,s) = -\frac{\alpha \bar{Q} \lambda_n}{\tilde{\lambda}(\tilde{\lambda}+s)}, \quad \bar{w}(n,q,s) = -\frac{\alpha \bar{Q} \lambda_q}{\tilde{\lambda}(\tilde{\lambda}+s)}, \quad \bar{p}(n,q,s) = -\frac{\alpha \bar{Q}}{\tilde{\lambda}+s}$$

$$(3.3.11)$$

实施 $LC_{xn}C_{zq}\{式(3.3.10)\}$,则有

$$\bar{Q}(n,q,s) = LC_{xn}C_{zq}\{Q(x,z,t)\} = \frac{\omega \cos(\lambda_n x_0)\cos(\lambda_q z_0)}{s^2 + \omega^2} \quad (3.3.12)$$

将式(3.3.12)代入式(3.3.11),可得到变换域上的位移场和孔隙压力场的解析解如下:

$$\begin{cases} \bar{u}(n,q,s) = -\dfrac{\alpha \omega \lambda_n \cos(\lambda_n x_0)\cos(\lambda_q z_0)}{\tilde{\lambda}(\tilde{\lambda}+s)(s^2+\omega^2)} \\[3mm] \bar{w}(n,q,s) = -\dfrac{\alpha \omega \lambda_q \cos(\lambda_n x_0)\cos(\lambda_q z_0)}{\tilde{\lambda}(\tilde{\lambda}+s)(s^2+\omega^2)} \\[3mm] \bar{p}(n,q,s) = -\dfrac{\alpha \omega \cos(\lambda_n x_0)\cos(\lambda_q z_0)}{(\tilde{\lambda}+s)(s^2+\omega^2)} \end{cases} \quad (3.3.13)$$

式(3.3.13)的拉普拉斯反演为

$$\bar{u}(n,q,t) = \frac{\lambda_n}{\tilde{\lambda}}\bar{p}(n,q,t), \quad \bar{w}(n,q,t) = \frac{\lambda_q}{\tilde{\lambda}}\bar{p}(n,q,t) \quad (3.3.14)$$

其中

$$\bar{p}(n,q,t) = -\frac{\alpha \cos(\lambda_n x_0)\cos(\lambda_q z_0)}{\tilde{\lambda}^2 + \omega^2}\left[\tilde{\lambda}\sin(\omega t) - \omega \cos(\omega t) + \omega e^{-\tilde{\lambda} t}\right]$$

$$(3.3.15)$$

将式(3.3.14)~式(3.3.15)代入式(3.3.9),最终可得到正弦周期性点源在不透水边界条件下所诱发的孔隙弹性问题在物理空间上的解析解。

(2) 下边界指定压力导数和无源汇

仿照 3.2.6 小节 Barry 和 Mercer 的处理办法,此处考虑内部无源汇即 $Q = 0$ 和下边界指定压力导数的情形,即

$$p_1'(x,t) = \beta\left[h(x-x_0) - h(x-x_1)\right]F(t) \quad (3.3.16)$$

其中,$h(x)$ 是 Heaviside 单位阶跃函数,β 是无量纲压力导数大小(量级),$F(t)$ 定义为一任意形式的以时间为自变量的函数。其他边界压力导数为零,即 $p_2' = p_3' =$

$p_4' = 0$。则对式(3.3.16)实施积分变换,得到

$$\bar{p}_1(n,s) = LC_{xn}\{p_1'(x,t)\}$$

$$= -\frac{\beta}{\lambda_n}[\sin(\lambda_n x_0) - \sin(\lambda_n x_1)]\bar{F}(s) \qquad (3.3.17)$$

其中,$\bar{F}(s) = L\{F(t)\}$,$B_1 = 0$,$B_2 = \bar{p}_1$。代入式(3.3.8),实施拉普拉斯反演,得到

$$\bar{u}(n,q,t) = \frac{\lambda_n}{\tilde{\lambda}}\bar{p}(n,q,t), \quad \bar{w}(n,q,t) = \frac{\lambda_q}{\tilde{\lambda}}\bar{p}(n,q,t) \qquad (3.3.18)$$

其中

$$\bar{p}(n,q,t) = -\frac{\beta[\sin(\lambda_n x_0) - \sin(\lambda_n x_1)]\int_0^t e^{-\tilde{\lambda}(t-s)}F(s)\mathrm{d}s}{\lambda_n} \qquad (3.3.19)$$

同理,利用式(3.3.9)对式(3.3.18)～式(3.3.19)实施有限正余弦反演,即可得到所考察的问题在物理空间上的解析解。

这里,需要指出的是,式(3.3.18)和式(3.3.14)相同,但是明显区别于 Barry 和 Mercer(1999)的式(28),原因正是此处式(3.3.18)是完全独立于泊松比的。而且式(3.3.19)与 Barry 和 Mercer(1999)的式(29)也存在显著的差别。式(29)显示压力场的解析解与指定的压力周期函数完全同步,而本小节的式(3.3.19)暗示压力场的解析解与指定压力导数的复杂积分同步。

特别地,我们考虑式(3.3.16)的两个特例:一个是 $F(t) = 1$;另一个是 $F(t) = \sin(\omega t)$。

对于第一个特例,式(3.3.16)退化为 $p_1'(x,t) = \beta[h(x-x_0) - h(x-x_1)]$。也就是说,在矩形下边界施加的压力导数为一常数,即

$$B_2 = -\frac{\beta}{\lambda_n s}[\sin(\lambda_n x_0) - \sin(\lambda_n x_1)]$$

于是,我们可得到

$$\bar{p}(n,q,t) = -\frac{\beta[\sin(\lambda_n x_0) - \sin(\lambda_n x_1)](1 - e^{-\tilde{\lambda}t})}{\tilde{\lambda}\lambda_n} \qquad (3.3.20)$$

对于第二个特例,底边压力场边界条件为

$$p_1'(x,t) = \beta[h(x-x_0) - h(x-x_1)]\sin(\omega t)$$

即底面边界流量为时间的正弦周期函数,

$$B_2 = - \frac{\beta\omega}{\lambda_n(s^2 + \omega^2)}\big[\sin(\lambda_n x_0) - \sin(\lambda_n x_1)\big]$$

因此

$$\bar{p}(n,q,t) = - \frac{\beta\big[\sin(\lambda_n x_0) - \sin(\lambda_n x_1)\big]}{\lambda_n(\tilde{\lambda}^2 + \omega^2)}\big[\tilde{\lambda}\sin(\omega t) - \omega\cos(\omega t) + \omega e^{-\tilde{\lambda}t}\big]$$

$$(3.3.21)$$

下面用图形表达上述解析解,并作简要分析。

如前所述,式(3.3.9)表达了所考察的问题在物理空间上的解析解。因此解析解表现为双重无穷级数求和的形式,这个很容易计算。

为简单起见,这里只讨论了正弦周期性点源和封闭边界的解。为了与 Barry 和 Mercer(1999)的结果对比,此处采用了与后文完全相同的参数,即 $a = 1$,$b = 1$,$\omega = 1$,$\alpha = 2$,$t = \pi/2$ 和点汇位置$(0.25, 0.25)$。在时刻 $t = \pi/2$ 的变形和流动如图 3.6~图 3.8 所示,读者可自行与 Barry 和 Mercer(1999)的结果对比。在计算过程中,我们采用的是 11×11 的粗网格,且级数和项数取为 40。值得指出的是,尽管采用的网格非常粗,但位移场和孔隙压力场的等值线光滑度还是不错的。

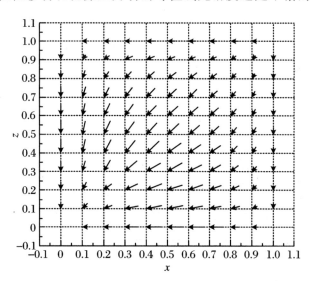

图 3.6　位于$(0.25, 0.25)$点源诱发的位移矢量图$(t = \pi/2)$

再观察图 3.6~图 3.8,我们可以看出位移场和孔隙压力场的解与相应的边界条件(图 3.5)是完全吻合的。这也在一定程度上验证了本小节所提出的解析解的正确性。

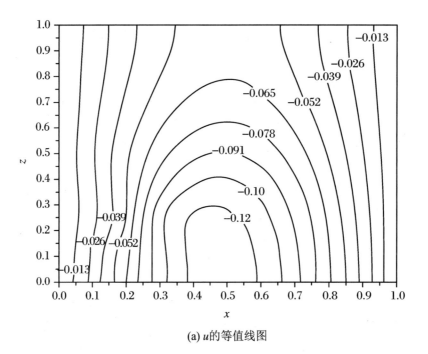

(a) u的等值线图

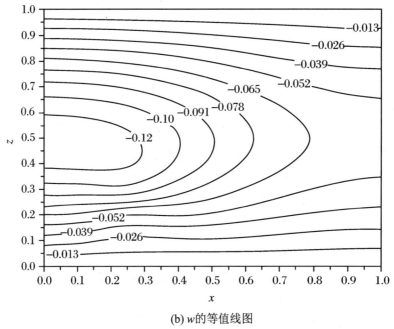

(b) w的等值线图

图 3.7　位于$(0.25,0.25)$点源诱发的位移场的等值线图$(t = \pi/2)$

孔隙弹性力学基础

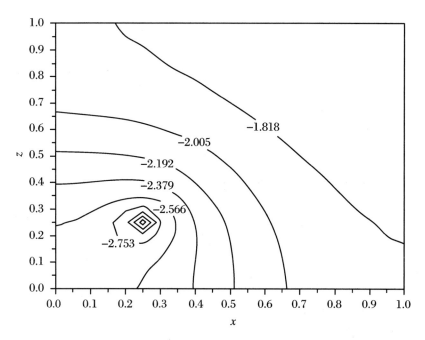

图 3.8　位于(0.25,0.25)点源诱发的孔隙压力场的 p 的等值线图($t = \pi/2$)

4. 结语

本小节给出了封闭边界条件下有限矩形区域不可压缩饱和孔隙弹性介质内因点汇诱发时变(瞬时)流固耦合渗流的解析解。孔隙压力场符合第二类边界条件(即 Neumann 边界条件),而位移场边界条件需要精心选取,以与合适的有限正余弦变换和拉普拉斯变换相匹配,从而简化控制方程组的变换,并获得简洁的解析解。一个有趣的发现是本小节得到的解析解总是与多孔介质的泊松比无关。本小节还简要分析了两种情形:一种为正弦周期性点源且封闭边界;另一种为无源汇且下边界指定压力导数。

本小节的解析解与 3.2.6 小节 Barry 和 Mercer 提出的解析解(孔隙压力场符合第一类边界条件)合并,构成了有限二维区域因点源/汇诱发孔隙弹性问题的完备解析解组。该解析解组形式简单,非常适合校验二维孔隙弹性问题的数值解,并可用于深入分析因流体开采诱发的有限二维多孔介质的孔隙弹性力学行为。

3.3.2 封闭边界平面应变孔隙弹性力学行为

3.3.1小节给出了有限矩形区域孔隙压力场符合第二类边界条件时内部点源所诱发平面应变孔隙弹性的解析方法和通用解析解。据我们所知,周期性点汇和定流量点汇是两类非常常见的点汇。因此,在这一小节中,我们将基于上述通用解析解,探讨封闭边界条件下正弦周期点汇和定流量点汇两种情形所诱发的流动和变形的时间依赖(时变)行为,并开展详细的参数分析(Li et al.,2016)。

1. 正弦周期点汇情形

3.3.1小节实际上已经给出了封闭边界条件下正弦周期点汇的解析解,即上小节中的式(3.3.14)和式(3.3.15)。将式(3.3.14)和式(3.3.15)代入式(3.3.9),最终可得到正弦周期性点源在不透水边界条件下所诱发的孔隙弹性问题在物理空间上的解析解。

3.3.1小节给出并简单分析了封闭边界条件下正弦周期性点汇诱发压力场和位移场在特定时刻 $t = \pi/2$ 的等值线图和位移矢量图。这里,我们再分析一下正弦周期点汇诱发的位移场和压力场的时变行为。为简便起见,此处只选取了所研究的二维区域($a = b = 1$)的中心点$(0.5, 0.5)$。该点的位移和孔隙压力与时间的关系绘制在图3.9中,其中时间区间取为$[0, 8\pi]$。

从图3.9可以看出,位移 u 和 w 是完全相同的,这是由所研究问题的完全对称性(即 $a = b = 1$, $x_0 = z_0 = 0.25$, $x_c = z_c = 0.5$)决定的。同时,传统固结过程经常表现出的孔隙压力随时间的消散特征在此处几乎观察不到,取而代之的是孔隙压力和位移的显著波动特征。位移和压力随时间变化的近似周期行为应归因于正弦点汇的周期特征。

2. 定流量点汇情形

在生产实践中,地下水抽取或油气开采通常都是通过水井或油气井汲取实现的,而水井或油气井通常可视为点汇处理,并且地下水或油气定流量抽取是一种常见的开采模式。因此,定流量点汇是一类重要的问题。下面即重点考察封闭边界条件下定流量点汇诱发孔隙弹性的解析解。

(1)解析解求解

假设点汇的抽取流量是一个常数 Q_0,则有

$$Q(x, z, t) = Q_0 \delta(x - x_0) \delta(z - z_0) \tag{3.3.22}$$

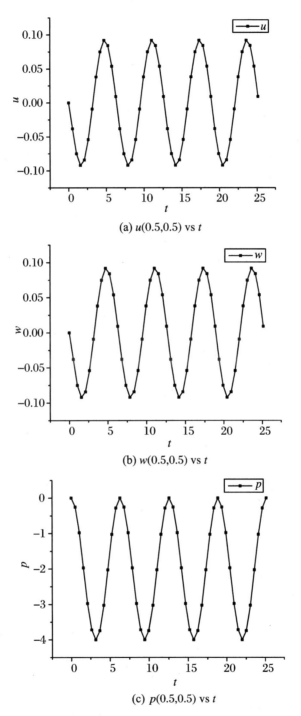

(a) $u(0.5,0.5)$ vs t

(b) $w(0.5,0.5)$ vs t

(c) $p(0.5,0.5)$ vs t

图 3.9　中心点$(0.5,0.5)$的位移和压力与时间的关系

$a = b = 1, \alpha = 2, \omega = 1, (x_0, z_0) = (0.25, 0.25)_\circ$

对上式实施双重余弦变换和拉普拉斯变换,则有

$$\bar{Q}(n,q,s) = \frac{Q_0 \cos(\lambda_n x_0) \cos(\lambda_q z_0)}{s} \qquad (3.3.23)$$

将式(3.3.23)代入变换域的通用解析解式(3.3.8),得到

$$\begin{cases} \bar{u}(n,q,s) = -\dfrac{\alpha Q_0 \lambda_n \cos(\lambda_n x_0) \cos(\lambda_q z_0)}{\tilde{\lambda} s(\tilde{\lambda} + s)} \\[3mm] \bar{w}(n,q,s) = -\dfrac{\alpha Q_0 \lambda_q \cos(\lambda_n x_0) \cos(\lambda_q z_0)}{\tilde{\lambda} s(\tilde{\lambda} + s)} \\[3mm] \bar{p}(n,q,s) = -\dfrac{\alpha Q_0 \cos(\lambda_n x_0) \cos(\lambda_q z_0)}{s(\tilde{\lambda} + s)} \end{cases} \qquad (3.3.24)$$

式(3.3.24)的拉普拉斯反演为

$$\bar{u}(n,q,t) = \frac{\lambda_n}{\tilde{\lambda}} \bar{p}(n,q,t), \quad \bar{w}(n,q,t) = \frac{\lambda_q}{\tilde{\lambda}} \bar{p}(n,q,t) \quad (3.3.25)$$

其中

$$\bar{p}(n,q,t) = -\frac{\alpha Q_0 \cos(\lambda_n x_0) \cos(\lambda_q z_0)(1 - \mathrm{e}^{-\tilde{\lambda} t})}{\tilde{\lambda}} \qquad (3.3.26)$$

且

$$\tilde{\lambda} = \lambda_n^2 + \lambda_q^2, \quad \lambda_n = \frac{n\pi}{a}, \quad \lambda_q = \frac{q\pi}{b}, \quad \tilde{\lambda} = \pi^2 \left(\frac{n^2}{a^2} + \frac{q^2}{b^2} \right)$$

读者可自行对比定流量点汇上述解答与正弦周期点汇解答的异同。正是两者点汇形式不同,即由正弦周期点汇的 $Q(x,z,t) = Q_0 \delta(x - x_0) \delta(z - z_0)$ · $\sin(\omega t)$ 变为定流量点汇的 $Q(x,z,t) = Q_0 \delta(x - x_0) \delta(z - z_0)$,最终导致两者在物理空间上的解析解及其特征发生了很大的变化。下面即对定流量点汇物理空间上的解析解进行分析和讨论。

先考察孔隙压力场的解析解。根据式(3.3.26),可得到

$$\bar{p}(0,0,t) = \lim_{\tilde{\lambda} \to 0} \left[-\frac{\alpha Q_0 (1 - \mathrm{e}^{-\tilde{\lambda} t})}{\tilde{\lambda}} \right] \qquad (3.3.27)$$

对于上式,采用 L'Hospital 法则求其极限,可得

$$\bar{p}(0,0,t) = -\alpha Q_0 t \qquad (3.3.28)$$

接下来考察 $\bar{p}(n,0,t)$ 和 $\bar{p}(0,q,t)$。同样利用式(3.3.26),有

$$\begin{cases} \bar{p}(n,0,t) = -\dfrac{\alpha Q_0 \cos(\lambda_n x_0)(1 - \mathrm{e}^{-\lambda_n^2 t})}{\lambda_n^2} \\[3mm] \bar{p}(0,q,t) = -\dfrac{\alpha Q_0 \cos(\lambda_q z_0)(1 - \mathrm{e}^{-\lambda_q^2 t})}{\lambda_q^2} \end{cases} \quad (3.3.29)$$

将式(3.3.28)和式(3.3.29)代入式(3.3.9c),进一步有

$$\begin{aligned}
p(x,z,t) = -\frac{\alpha Q_0}{ab}\Bigg[& t + 2\sum_{n=1}^{\infty} \frac{\cos(\lambda_n x_0)\cos(\lambda_n x)}{\lambda_n^2}(1 - \mathrm{e}^{-\lambda_n^2 t}) \\
& + 2\sum_{q=1}^{\infty} \frac{\cos(\lambda_q z_0)\cos(\lambda_q z)}{\lambda_q^2}(1 - \mathrm{e}^{-\lambda_q^2 t}) \\
& + 4\sum_{q=1}^{\infty}\sum_{n=1}^{\infty} \frac{\cos(\lambda_n x_0)\cos(\lambda_q z_0)\cos(\lambda_n x)\cos(\lambda_q z)}{\tilde{\lambda}}(1 - \mathrm{e}^{-\tilde{\lambda} t})\Bigg]
\end{aligned}$$

$$(3.3.30)$$

需要指出的是,在压力场通解式(3.3.9c)的推导过程中初始条件假设为 $p(x,z,t=0)=0$。如前文所述,此举旨在简化控制方程组的拉普拉斯变换,实际上可以给定更一般的初始条件。如果压力场初始条件改成 $p(x,z,t=0)=p_0(x,z)$,那么式(3.3.30)应相应修改为

$$\begin{aligned}
p(x,z,t) = p_0(x,z) -\frac{\alpha Q_0}{ab}\Bigg[& t + 2\sum_{n=1}^{\infty} \frac{\cos(\lambda_n x_0)\cos(\lambda_n x)}{\lambda_n^2}(1 - \mathrm{e}^{-\lambda_n^2 t}) \\
& + 2\sum_{q=1}^{\infty} \frac{\cos(\lambda_q z_0)\cos(\lambda_q z)}{\lambda_q^2}(1 - \mathrm{e}^{-\lambda_q^2 t}) \\
& + 4\sum_{q=1}^{\infty}\sum_{n=1}^{\infty} \frac{\cos(\lambda_n x_0)\cos(\lambda_q z_0)\cos(\lambda_n x)\cos(\lambda_q z)}{\tilde{\lambda}}(1 - \mathrm{e}^{-\tilde{\lambda} t})\Bigg]
\end{aligned}$$

$$(3.3.31)$$

(2) 解析解验证

孔祥言(2020)分析了面积为 $a \times b$ 的封闭边界矩形地层中位于 (l,d) 点的一口定流量油井的经典渗流问题。此处需要补充说明的是,在孔祥言(2020)中使用的非耦合的渗流模型与本书中采用的流固耦合渗流模型有很大的差别。然而,经过一番细致的推导,证明孔祥言(2020)使用的孔隙压力方程与本小节定流量点汇情形所采用的孔隙压力方程是完全可以比拟的。具体推导细节可参考 Li et al. (2016)。

孔祥言(2020)给出了所考察渗流问题的孔隙压力场的解析解:

$$p(x,z,t) = p_0(x,z) - \frac{q_1}{\lambda_f ab}\left(\chi t + \frac{2a^2}{\pi^2} \sum_{m=1}^{\infty} \frac{1}{m^2} \cos\frac{m\pi l}{a} \cos\frac{m\pi x}{a} \right.$$

$$\cdot \left[1 - \exp\left(-\pi^2 \frac{m^2}{a^2} \chi t \right) \right]$$

$$+ \frac{2b^2}{\pi^2} \sum_{n=1}^{\infty} \frac{1}{n^2} \cos\frac{n\pi d}{b} \cos\frac{n\pi y}{b} \cdot \left[1 - \exp\left(-\pi^2 \frac{n^2}{b^2} \chi t \right) \right]$$

$$+ 4 \sum_{m=1}^{\infty} \sum_{n=1}^{\infty} \left[\pi^2 \left(\frac{m^2}{a^2} + \frac{n^2}{b^2} \right) \right]^{-1}$$

$$\cdot \cos\frac{m\pi l}{a} \cos\frac{n\pi d}{b} \cos\frac{m\pi x}{a} \cos\frac{n\pi y}{b}$$

$$\left. \cdot \left\{ 1 - \exp\left[-\pi^2 \left(\frac{m^2}{a^2} + \frac{n^2}{b^2} \right) \chi t \right] \right\} \right) \tag{3.3.32}$$

现在我们采用比拟法来类比式(3.3.32)和式(3.3.31)这两个孔隙压力解。

从方程(3.3.32)和(3.3.31)以及 Li et al.(2016)的方程(B4)和(B8)可以看出,存在如下比拟:

$$(l,d) \to (x_0, z_0), \quad (m,n) \to (n,q), \quad q_1/\lambda_f \to \alpha Q_0$$

$$\chi \to -K_b/[\alpha_B(\lambda + 2G)]$$

考虑到上述比拟和方程(3.3.1),不难看出这两个孔隙压力解在"外观"上几乎相同。它们在形式上的相似性归因于两者孔隙压力方程的可比拟性。

上述两个孔隙压力解的类比,在一定程度上验证了本小节所提出的解析解和解析解法的正确性和可靠性。与此同时,结合式(3.3.25)和式(3.3.26),式(3.3.9a)和式(3.3.9b)表达了定流量点汇情形位移场的解析解。

(3) 孔隙弹性力学行为的分析和讨论

以上已对定流量点汇解析解进行了对比验证,接下来利用该解析解考察压力场和位移场的时空分布和演化特征,并进行相应分析和讨论。

① 图形描述

基于解析解,此处绘制了位移场和压力场在 $t = 0.1$ 时的等值线图(图3.10,彩图见195页),以及区域中心点(0.5,0.5)情形下的压力和位移随时间的变化图(图3.11)。

② 位移场和压力场的特征及分析

图3.10给出了定流量点汇诱发的孔隙压力场和位移场的等值线图。它们在形态和结构上与正弦周期点源情形的等值线图(图3.7和图3.8)相似。虽然两者

孔隙弹性力学基础

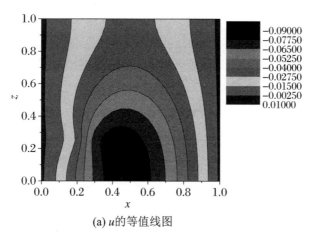

(a) u的等值线图

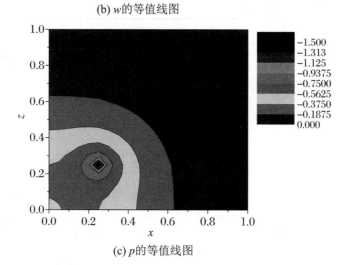

(b) w的等值线图

(c) p的等值线图

图 3.10　位移场和压力场在 $t=0.1$ 时的等值线图

$a=b=1, Q_0=1.0, \alpha=2, (x_0, z_0)=(0.25, 0.25)$。

的点汇类型不同,但是两者的边界条件等完全相同。需认识到等值线图只是表达了某一时刻的位移场和压力场分布特征,因此仅仅通过对比两者的等值线图是很难区分出定流量点汇和正弦周期点汇的。

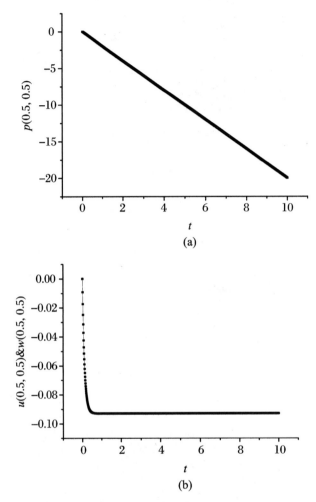

图 3.11 区域中心点(0.5, 0.5)情形下的压力和位移随时间的变化图
$a = b = 1, Q_0 = 1.0, \alpha = 2, (x_0, z_0) = (0.25, 0.25)$。

另外,我们考察孔隙压力场和位移场随时间的演化特征。一个有趣的现象是孔隙压力始终保持递减,而且逐渐呈现与时间的线性关系(图 3.11(a))。作为对比,图 3.11(b)则显示位移在早期随时间逐渐增大,且当时间增大到某一数值(相应 $t = 2.1$,后文称其为固结时间)时,u 和 w 最终将趋向于一个稳态值(即均为 $-0.092\,903\,2$)。这反映了传统固结沉降的关键特征。显然,定流量点汇情形上述位移场和孔隙压力场的典型特征,明显区别于正弦周期点汇情形位移场和压力场呈现的周期波动特征(图 3.9)。

下面,我们结合本小节提出的孔隙压力场和位移场的解析解式(3.3.31)以及式(3.3.9a)和式(3.3.9b)进行严格理论分析,详细探讨其中流动和变形的耦合特征。

③ 压力场的演化特征分析

基于已验证的孔隙压力场解析解式(3.3.31),我们可以对压力场演化行为进行可靠的定量分析。考察式(3.3.31),显然可见其右边第2~5项均与时间相关,其中,第3~5项为时间指数衰减项,第2项为时间线性相关项。随时间增长,第3~5项的影响逐渐衰减,而第2项影响逐渐增强。当时间足够长时,最后三项逐渐趋于常数值,此时压力与时间呈线性关系。而当时间 t 趋于无穷时,第2项趋于无穷大,即此刻压力实际上为无穷小,而并非趋于稳态。孔隙压力场的这种演化特征主要是由其封闭边界条件决定的。作为对比,对于定流量点汇定压边界情形,压力呈现典型的固结消散特征,即随时间增长,压力逐渐降低,并最终趋于稳定值(李培超,2011)。对于本小节所研究的封闭边界情形,压力在理论上可随时间无限递减,而绝非趋于稳态,当然前提是所研究区域内水量充足而不会枯竭。

实际上,对封闭边界地层而言,点汇诱发的孔隙压力场的确应具有上述特征。这个事实早已被石油工程的一些经典文献报道,例如 Ramey 和 Cobb(1971)、Cobb 和 Smith(1975)。他们在文中提出了一种通用的封闭边界和任意形状油藏定流量井开采时的瞬时压力恢复理论,其中压力解释方程采用如下形式:

$$p_D(t_{DA}) = 0.5 \ln \frac{4At_{DA}}{\gamma r_w^2}, \quad t_{DA} \leqslant 0.1 \tag{3.3.33}$$

$$p_D(t_{DA}) = 0.5 \ln \frac{4A}{\gamma C_A r_w^2} + 2\pi t_{DA}, \quad t_{DA} \geqslant 0.1 \tag{3.3.34}$$

其中,$t_{DA} = t_D \dfrac{r_w^2}{A}$,且 $t_D = \dfrac{0.006\,34kt}{\phi\mu c r_w^2}$,$C_A$ 为油藏形状因子。

根据方程(3.3.33)和(3.3.34),不管泄油面积的形状和开采井的位置如何,当 $t_{DA} \leqslant 0.1$ 时,p_D 与 $\ln t_{DA}$ 的关系图都是一条直线,而当 $t_{DA} \geqslant 0.1$ 时,p_D 与 t_{DA} 呈线性关系。

④ 位移场的演化特征分析

首先,与前文分析类似,$u(0.5,0.5)$ 和 $w(0.5,0.5)$ 与时间关系曲线的重合是由所研究问题的完全对称性引起的。

接下来,我们仔细分析位移场的时变行为。

根据方程(3.3.25),有 $\bar{u}(0,0,t) = \dfrac{\lambda_0}{\bar{\lambda}}\bar{p}(0,0,t)$,$\bar{w}(0,0,t) = \dfrac{\lambda_q}{\bar{\lambda}}\bar{p}(0,0,t)$。

再根据 L'Hospital 法则,并考虑到式(3.3.28)以及 $\bar{p}(0,0,t) = -\alpha Q_0 t$,则得到 $\bar{u}(0,0,t) \to \infty$,$\bar{w}(0,0,t) \to \infty$。然而,与 $\bar{p}(0,0,t)$ 出现在 $p(x,z,t)$ 的解析解式(3.3.9c)里不同,幸运的是,$\bar{u}(0,0,t)$ 和 $\bar{w}(0,0,t)$ 并没有包含在 $u(x,z,t)$ 和 $w(x,z,t)$ 的解析解式(3.3.9a)和式(3.3.9b)中。换言之,只有指数衰减项而不是时间线性相关项出现在 u 和 w 的解析解中,因此,u 和 w 与时间 t 的关系应呈现为典型的指数衰减(即固结消散)特征。这实际上已在图 3.11(b) 中体现得非常清楚。

下面我们特别关注位移场的长期行为。在此,我们先推导出 $u(x,z,t)$ 和 $w(x,z,t)$ 的稳态解析解。根据方程(3.3.25)和(3.3.26),可得到

$$\bar{u}(n,0,t \to \infty) = -\frac{\alpha Q_0 \cos(\lambda_n x_0)}{\lambda_n^3}$$

$$\bar{u}(n,q,t \to \infty) = -\frac{\lambda_n \alpha Q_0 \cos(\lambda_n x_0) \cos(\lambda_q z_0)}{\tilde{\lambda}^2}$$

$$\bar{w}(0,q,t \to \infty) = -\frac{\alpha Q_0 \cos(\lambda_q z_0)}{\lambda_q^3}$$

$$\bar{w}(n,q,t \to \infty) = -\frac{\lambda_q \alpha Q_0 \cos(\lambda_n x_0) \cos(\lambda_q z_0)}{\tilde{\lambda}^2}$$

把上述式子代入方程(3.3.9a)和(3.3.9b),并令 $t \to \infty$,得到

$$u(x,z,t \to \infty) = -\frac{2\alpha Q_0}{ab} \left[\sum_{n=1}^{\infty} \frac{\cos(\lambda_n x_0) \sin(\lambda_n x)}{\lambda_n^3} \right.$$
$$\left. + 2 \sum_{q=1}^{\infty} \sum_{n=1}^{\infty} \frac{\lambda_n \cos(\lambda_n x_0) \cos(\lambda_q z_0) \sin(\lambda_n x) \cos(\lambda_q z)}{\tilde{\lambda}^2} \right]$$

$$(3.3.35)$$

$$w(x,z,t \to \infty) = -\frac{2\alpha Q_0}{ab} \left[\sum_{q=1}^{\infty} \frac{\cos(\lambda_q z_0) \sin(\lambda_q z)}{\lambda_q^3} \right.$$
$$\left. + 2 \sum_{q=1}^{\infty} \sum_{n=1}^{\infty} \frac{\lambda_{q0} \cos(\lambda_n x_0) \cos(\lambda_q z_0) \cos(\lambda_n x) \sin(\lambda_q z)}{\tilde{\lambda}^2} \right]$$

$$(3.3.36)$$

观察方程(3.3.35)和(3.3.36),不难发现 $u(x,z,t \to \infty)$ 和 $w(x,z,t \to \infty)$ 是常数。也就是说,长期位移场是稳态的。这与孔隙压力场的特征截然不同,因为如前文所述,孔隙压力场随时间线性递减,长期压力场是非稳态的。

如前文所述,对于孔隙压力场符合第一类边界条件的情形,因定流量点汇诱发的孔隙压力呈现典型的固结消散特征;事实上,与压力场耦合的位移场也呈现

出典型的"固结沉降"特点,并具有长期稳态解。即在这种情形下,其位移场与压力场两者是协调同步的。然而,对于孔隙压力场符合封闭边界的情形,耦合两场(压力场和位移场)的同步性却并不好,因为孔隙压力总是持续随时间线性衰减,而长期位移却是稳态的。这样一来,人们难免会提出如下疑问:既然孔隙压力持续下降,根据有效应力原理,那么有效应力将会持续增大。再根据有效应力-应变本构关系,应变或位移的绝对值应当随时间不断增大。显然,这个"预测"的趋势跟实际位移场的长期稳态行为相矛盾。这里,我们来回答这个"虚构"的疑问。毫无疑问,变形与孔隙压力的变化直接有关。随着孔隙压力的降低,位移会迅速增大(在岩土力学中,这通常称为孔隙压力消散效应)。这个趋势也反映在位移场与时间关系曲线的早期阶段(图 3.11(b))。然而,除了孔隙压力消散的影响外,位移场还与其边界条件密切相关。Biot(1941b)指出,边界条件对位移场的影响通常体现为拖拽效应,它通常与孔隙压力消散效应是共存的,这两种效应对位移场的影响是相互竞争的。如前文所述,孔隙压力消散效应会导致位移增大,而拖拽效应则通常会"拖后腿",即会平衡和抵消孔隙压力消散效应的作用。李培超和李贤桂(2010)利用有限差分法模拟了有限矩形区域孔隙弹性介质在上表面载荷作用下的流动和变形耦合力学行为。该工作考虑了不同组合的透水性/排水边界条件。数值结果显示,上述两种力学效应的强弱与排水边界条件密切相关。随着边界透水性变差,孔隙压力消散效应减弱,而拖拽效应增强。由于本小节处理的是封闭不透水边界,因此我们可以预期其拖拽效应很强。在固结过程的初期,孔隙压力消散效应占优,对位移场起到决定性作用。然而随着时间增加,封闭不透水边界对位移场的影响越来越重要。因此,拖拽效应逐渐增强,并最终超越孔隙压力消散效应而占据主导地位,从而从根本上诱发了长期位移场的稳态特征。

至于上述疑问,我们再从数学的角度给出一个合理解释。众所周知,位移场当然是由其控制方程组和相应定解条件(边界条件和初始条件)共同决定的。对于所考察的孔隙弹性定解问题,前文已幸运地推导出它的解析解,并且进一步给出了位移场的稳态解析解式(3.3.35)和式(3.3.36)。值得指出的是,其控制方程组推导过程中已经考虑了孔隙压力消散效应(有效应力增加),而且所指定的位移场边界条件(见图 3.5,实际上是细致挑选的以便与孔隙压力场封闭边界条件严格匹配)也已被施加到所研究的孔隙弹性问题,从而构成了上述定解问题。换言之,孔隙压力消散效应和边界条件的影响实际上都已经被考虑和包含在了位移场问题解析解的推导过程中。该情形下位移场的上述独特特征归因于人为指定施加的孔隙压力场和位移场边界条件,以及与有限区域内流固耦合作用的组合效应。无独有偶,在 3.3.1 小节中,我们也曾指出:正是因为这种指定的定解条件与流固耦合效应之间的相互作用,其解析解总是与泊松比完全无关,这是一种有趣的现象和结论。

最终,我们可以明确和清晰地看到,图3.10和图3.11所表达的解析解的定量数值结果的特征与上述定性理论分析的结论是完全吻合的。

(4) 参数研究

在这一部分中,我们将基于解析解开展参数研究,即详细分析和探讨相关参数对孔隙弹性力学行为的影响。观察解析解的表达式,不难发现,其中涉及的无量纲参数主要有 Q_0,α 和 (x_0, z_0)。因此我们主要分析这三个参数的变化对结果的影响。

① 参数对等值线图的影响

图3.12是在时间 $t = 1.0$ 时矩形区域($a = b = 1$)内位移场和孔隙压力场的等值线图,其中参数取值为 $Q_0 = 1.0$,$\alpha = 2$,$(x_0, z_0) = (0.25, 0.25)$。将该图作为对比基准,我们绘制不同参数取值所对应的等值线图,并与基准图对比。

先考察 Q_0 的影响,为节省篇幅,此处仅绘制了 $Q_0 = 0.1$ 和 $Q_0 = 5.0$ 相应的等值线图,见图3.13和图3.14。比较图3.13、图3.14和基准图3.12,容易看出三者等值线的形状和趋势完全相同,唯一差别在于各自数值大小不同,三者数值比例为 $1:50:10$,这其实恰好正比于各自的 Q_0 值,即 $0.1:5.0:1.0$。

同理也可考察 α 的影响(此处省略了不同 α 对应的等值线图)。不难发现,其变化对结果的影响与 Q_0 的影响类似,即并不影响等值线的特征和规律,数值结果亦与 α 的大小成正比。

以上 Q_0 和 α 的变化对结果的影响规律是显然的。此处仅以孔隙压力场为例进行分析。孔隙压力场的解析解如式(3.3.31)所示,很明显,不论是 Q_0 还是 α,都出现并且仅仅出现在了 $-\dfrac{\alpha Q_0}{ab}$ 项中,而 $-\dfrac{\alpha Q_0}{ab}$ 项只是压力解析解的公共因子项(或称比例系数项),所以压力大小当然与 Q_0 和 α 成正比,而且孔隙压力场的等值线图的规律与 Q_0 和 α 无关。

接下来重点研究点汇位置 (x_0, z_0) 的变化对结果的影响。绘制点汇位于 $(0.25, 0.75)$,$(0.75, 0.25)$,$(0.5, 0.5)$,$(0.5, 0.75)$,$(0.5, 0.25)$ 相应的等值线图,分别如图3.15(a)~图3.15(e)所示.

如图3.15和图3.12所示,点汇位置 (x_0, z_0) 的改变对等值线特征影响较大。经仔细观察,我们发现,所有等值线图不论是位移场还是孔隙压力场,实际上都以点汇位置为中心。除此之外,点汇位置的对称性也会引发等值线图的对称分布。

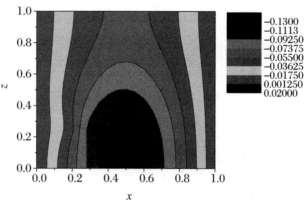

(a) u的等值线图

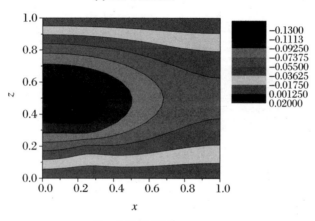

(b) w的等值线图

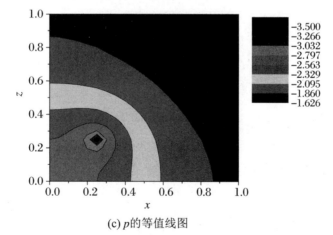

(c) p的等值线图

图 3.12 位移场和孔隙压力场在 $t = 1.0$ 时的等值线图

$Q_0 = 1.0, \alpha = 2, (x_0, z_0) = (0.25, 0.25)$。

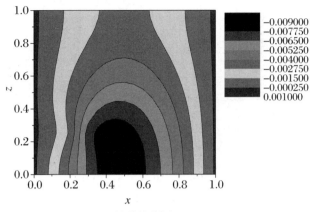

(a) u 的等值线图

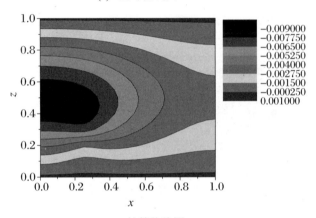

(b) w 的等值线图

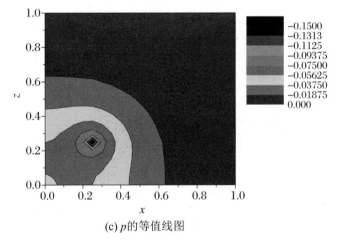

(c) p 的等值线图

图 3.13　位移场和孔隙压力场在 $t = 1.0$ 时的等值线图

$Q_0 = 0.1, \alpha = 2, (x_0, z_0) = (0.25, 0.25)$。

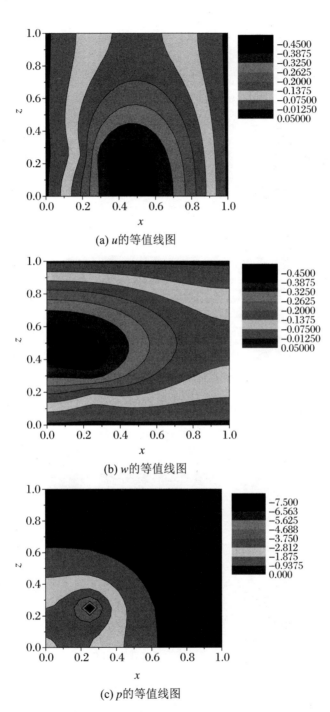

(a) u的等值线图

(b) w的等值线图

(c) p的等值线图

图 3.14　位移场和孔隙压力场在 $t = 1.0$ 时的等值线图

$Q_0 = 5.0, \alpha = 2, (x_0, z_0) = (0.25, 0.25)$。

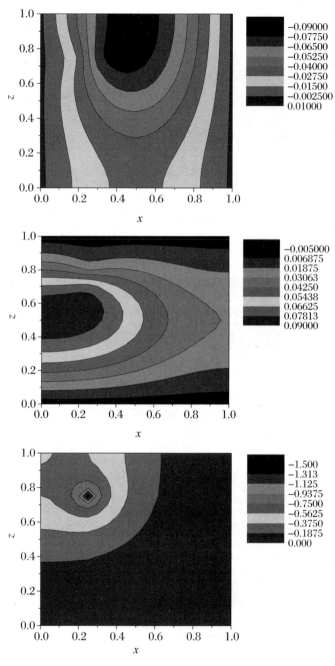

(a) $(x_0, z_0)=(0.25, 0.75)$情况下u,w和p的等值线图

图 3.15 点汇位置对等值线特征的影响

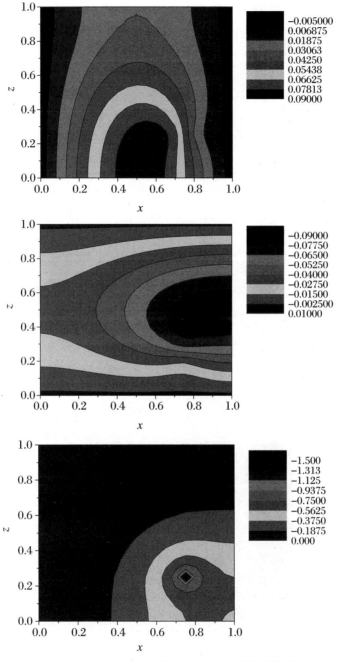

(b) $(x_0, z_0)=(0.75, 0.25)$ 情况下 u, w 和 p 的等值线图

图 3.15(续)

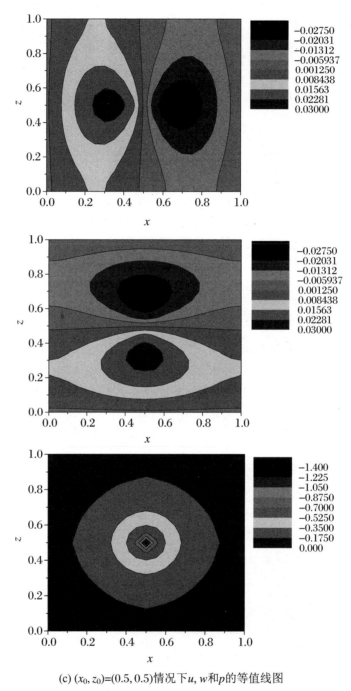

(c) $(x_0, z_0)=(0.5, 0.5)$情况下u, w和p的等值线图

图 3.15(续)

孔隙弹性力学基础

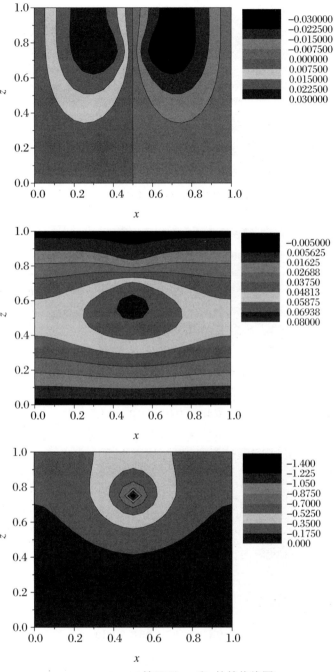

(d) $(x_0, z_0) = (0.5, 0.75)$ 情况下 u, w 和 p 的等值线图

图 3.15(续)

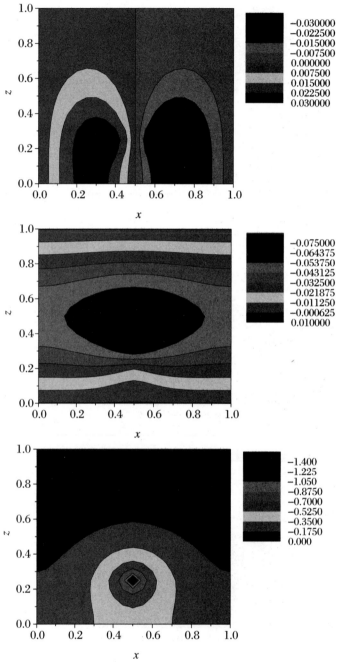

(e) $(x_0, z_0)=(0.5, 0.25)$情况下 u, w 和 p 的等值线图

图 3.15(续)

孔隙弹性力学基础

② 参数对位移场和孔隙压力场演化的影响

此处只考察了中心点(0.5,0.5)情况下孔隙压力场和位移场的时间演化曲线,见图3.16和图3.17。图3.16对应不同Q_0取值,而图3.17对应不同α取值。

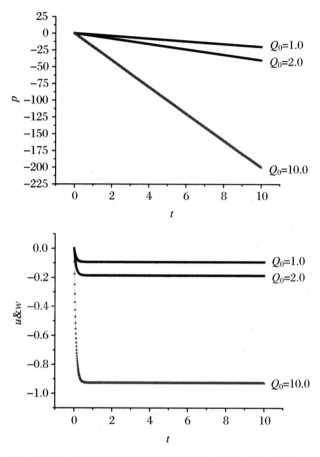

图3.16 中心点(0.5,0.5)情况下孔隙压力场和位移场与时间的关系(不同Q_0)

如图3.16和图3.17所示,孔隙压力p、位移u和w的大小与Q_0和α的大小成正比。这在前文已经讨论过,原因在于这三者的解析解中都包含了一个公共因子$-\dfrac{\alpha Q_0}{ab}$(比例系数)。

③ 参数对固结时间的影响

无量纲固结时间的定义及确定 对于一维单轴固结,可以定义其固结度和固结时间。通常其固结时间可定义为其孔隙压力或沉降达到稳态值所需的时间。但对封闭边界定流量点汇诱发平面应变固结问题而言,前文已多次阐述,其孔隙压力始终随时间递减,并无稳态值,而位移场却有稳态值,因此此处所定义的固结时间仅是针对位移场而言的,可将其定义为位移场(包括u和w)达到定常值所需

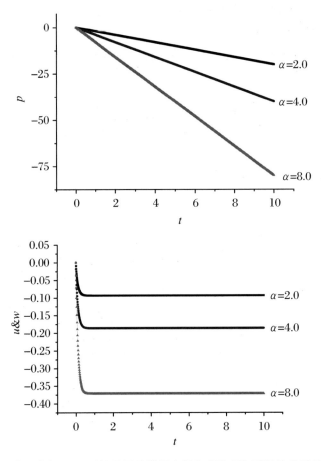

图 3.17 中心点(0.5,0.5)情况下孔隙压力场和位移场与时间的关系(不同 α)

耗费的时间。考虑前面的例子,当时间增大到 2.1 时,u 和 w 变为稳态值,即两者均为 $-0.092\,903\,2$。所以此例所对应的固结时间 $T_c = 2.1$。根据此处固结时间的定义,可采用如下方法来确定固结时间:

$$\frac{|u(t+\mathrm{d}t)-u(t)|}{|u(t+\mathrm{d}t)|} \leqslant E_r, \quad \frac{|w(t+\mathrm{d}t)-w(t)|}{|w(t+\mathrm{d}t)|} \leqslant E_r \quad (3.3.37)$$

其中,E_r 是相对误差,可以根据研究允许的数据精度要求而人为设定。在本小节中,被设定为 10^{-10}。

我们把满足上述双判据式(3.3.37)的临界时刻 t 视为固结时间 T_c。于是,可利用上述双判据方法反求出在给定参数下的固结时间及对应的位移稳态值。

参数变化对固结时间的影响分析   首先,我们讨论 Q_0 和 α 的变化对固结时间的影响。从图 3.16 和图 3.17 可以观察到,对应于不同 Q_0 或 α 取值的各条位移曲线,其达到稳态值(平台值)所耗费的时间是相同的,即它们的固结时间是相

▌ 孔隙弹性力学基础

同的。如前文所述,不同 Q_0 或 α 取值实际上只影响位移场的数值大小。换言之,Q_0 和 α 的变化对固结时间没有任何影响,或者说固结时间是完全独立于 Q_0 和 α 的。

其次,我们考察点汇位置 (x_0,z_0) 和场点位置 (x_f,z_f) 对固结时间的影响。将上文讨论的 $T_c = 2.1$ 作为比对模板,其对应参数为 $a = b = 1$,$(x_0,z_0) = (0.25,0.25)$,$(x_f,z_f) = (0.5,0.5)$。此处需要说明的是,我们没有再将 $Q_0 = 1.0$,$\alpha = 2$ 列入比对模板所对应的参数之中,因为已在前边证明了固结时间与 Q_0 和 α 无关。

我们先考察不同点汇位置 (x_0,z_0) 对固结时间的影响,结果见表 3.1,其中,$a = b = 1$,场点位置 (x_f,z_f) 被固定为 $(0.5,0.5)$。再考察不同场点位置 (x_f,z_f) 对固结时间的影响,结果列于表 3.2,其中,$a = b = 1$,场点位置 (x_0,z_0) 取为 $(0.25,0.25)$ 且保持不变。

表 3.1　T_c 与点汇位置 (x_0,z_0) 的关系

(x_0,z_0)	$(0.25,0.25)$	$(0.25,0.3)$	$(0.25,0.4)$	$(0.1,0.1)$	$(0.1,0.3)$	$(0.3,0.1)$	$(0.3,0.3)$	$(0.25,0.6)$	$(0.6,0.25)$	$(0.25,0.8)$
T_c	2.1	2.09	2.09	2.11	2.1	2.1	2.09	2.09	2.09	2.09

注:$a = b = 1$,$(x_f,z_f) \equiv (0.5,0.5)$。

表 3.2　T_c 与场点位置 (x_f,z_f) 的关系

(x_f,z_f)	$(0.5,0.5)$	$(0.5,0.75)$	$(0.75,0.5)$	$(0.75,0.75)$	$(0.6,0.85)$	$(0.85,0.6)$	$(0.6,0.6)$	$(0.8,0.8)$	$(0.05,0.1)$	$(0.1,0.05)$
T_c	2.1	2.1	2.1	2.13	2.14	2.14	2.11	2.13	2.1	2.1

注:$a = b = 1$,$(x_0,z_0) \equiv (0.25,0.25)$。

在表 3.1 中,场点位置为 $(0.5,0.5)$,此处将场点位置更换为 $(0.2,0.2)$ 并固定,再次考察点汇位置的改变对固结时间的影响,结果见表 3.3。

表 3.3　T_c 与点汇位置 (x_0,z_0) 的关系

(x_0,z_0)	$(0.25,0.25)$	$(0.6,0.6)$	$(0.5,0.7)$	$(0.5,0.1)$	$(0.1,0.3)$	$(0.3,0.1)$	$(0.3,0.3)$	$(0.3,0.6)$	$(0.6,0.3)$	$(0.8,0.8)$
T_c	2.09	2.09	2.1	2.09	2.11	2.11	2.12	2.13	2.13	2.14

注:$a = b = 1$,$(x_f,z_f) \equiv (0.2,0.2)$。

观察表 3.1～表 3.3,不难发现,点汇位置 (x_0,z_0) 和场点位置 (x_f,z_f) 的改变

对固结时间几乎没有什么影响。再考虑到前文的结论:固结时间完全独立于 Q_0 和 α。那么如此一来,固结时间的决定因素到底是什么呢?

为了回答这个问题,我们不妨再次检查一下位移 u 和 w 的解析解形式。可以发现其中包含有与时间 t 相关的项 $1 - \mathrm{e}^{-\tilde{\lambda}t}$。记住 $\tilde{\lambda} = \lambda_n^2 + \lambda_q^2$,而 $\lambda_n = n\pi/a$, $\lambda_q = q\pi/b$,我们可以预测固结时间应与所考虑矩形区域的几何尺寸 a 和 b 密切相关。因此,下文将阐述矩形几何尺寸对固结时间的影响。

不妨取相关参数为 $(x_0, z_0) = (0.25, 0.25)$, $(x_f, z_f) = (0.2, 0.2)$, $Q_0 = 1.0$, $\alpha = 2$。此处引入无量纲参数 R_D 表示该矩形的长、宽比,即 $R_D = a/b$。它表示有限矩形的尺寸特征。在前边的分析和计算中,矩形尺寸已被假设且固定为 $a = b = 1$,因此有 $R_D = 1$ 作为缺省值。为计算分析方便起见,不妨令 $b = 1$ 且保持不变,则有 $a = R_D b = R_D$。T_c 和 R_D 之间的关系绘制在图 3.18 中。

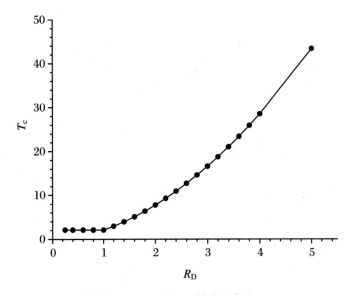

图 3.18 T_c 和 R_D 的关系曲线

$b = 1, (x_0, z_0) = (0.25, 0.25), (x_f, z_f) = (0.2, 0.2)$。

观察 u 和 w 的具体表达式,可见除 $1 - \mathrm{e}^{-\tilde{\lambda}t}$ 外,$1 - \mathrm{e}^{-\lambda_n^2 t}$ 和 $1 - \mathrm{e}^{-\lambda_q^2 t}$ 亦与时间 t 相关。根据时间指数衰减项 e^{-kt} 的特点,显然参数 k 越小,e^{-kt} 趋向于稳态值 0 所需要的时间就越长。结合 T_c 的定义,可知 T_c 取决于 $\tilde{\lambda} = \lambda_n^2 + \lambda_q^2$,以及 λ_n^2 和 λ_q^2 中的最小值。考虑到通常情况下 $\tilde{\lambda} \geqslant \lambda_n^2$,$\tilde{\lambda} \geqslant \lambda_q^2$,因此 T_c 实际上是由 λ_n^2 和 λ_q^2 中的最小值决定的。

当 $R_D < 1.0$ 时,$a < b$。根据 $\lambda_n = n\pi/a$, $\lambda_q = q\pi/b$,可判断出 $\lambda_q < \lambda_n$,因此 T_c 取决于 λ_q^2,即取决于 b^2(注意 $b = 1.0$,对应 $T_c = 2.1$),所以不论 a 如何变化都不影响 T_c 的大小。这与图 3.18 中 $R_D \leqslant 1.0$ 时,T_c 保持为一条直线是完全吻

孔隙弹性力学基础

合的。

而当 $R_D > 1.0$ 时,$a > b$。分析可得 T_c 取决于 λ_n^2,即 a 越大,T_c 就越大,而且 T_c 近似与 a^2 成正比。这种规律和特征也已清楚地显示于图 3.18 中的后段曲线($R_D > 1.0$,近似为抛物线)。

根据如上分析,固结时间实际上取决于矩形两边中的长边,长边越长,则固结时间越长。

3. 结语

本小节以上一小节提出的有限矩形区域点汇诱发孔隙弹性问题的解析方法为基础,给出了封闭边界条件下正弦周期点汇和定流量点汇两种情形所诱发的流动和变形耦合的解析解。并根据其解析解,仔细探讨了各自情形下耦合两场的时间依赖行为。

对于周期点汇情形,结果显示,诱发的位移和孔隙压力具有明显的近似时间周期性,这与点汇的正弦周期性是协调的。对于定流量点汇情形,本书首先推导出了其解析解,并利用文献现有解析解对其进行了验证;然后重点分析了位移场和压力场的解析解的时间依赖特征,并考察了各个参数对孔隙弹性耦合行为的影响。研究发现,定流量点汇诱发的压力场并非呈现典型消散效应,反而时间较长时与时间呈线性关系,并不具有稳态特征,这种现象主要是由其封闭和不透水边界条件所决定的。而与此不同的是,相应的位移场却随时间发展呈现出稳态特征,这则是孔隙压力消散效应和拖拽效应共同作用的结果。

3.3.3 可压缩二维饱和多孔介质点汇诱发 Biot 固结的解析解

如前所述,Barry 和 Mercer(1999)首次给出了有限矩形区域内因点源诱发孔隙弹性问题的解析解,它适用于孔隙压力场第一类边界条件。后来,Li 和 Lu (2011)给出了孔隙压力场第二类边界条件的解析解。注意,上述两个解析解适用于不可压缩多孔介质模型。本小节旨在研究上述二维有限区域可压缩饱和多孔介质的解析解。

1. 数学模型

(1) 控制方程组

在本小节中,我们采取如下假:① 多孔介质为单相流体所完全饱和,且流动服从 Darcy 定律;② 多孔介质为均匀各向同性、线弹性的,且变形符合小变形假设;

③ 流固耦合渗流视为准静态过程。以上三条假设与 3.2.6 小节中 Barry 和 Mercer(1999)所采用的假设相同。为使得本小节多孔介质数学模型更具有通用性,与 3.2.6 小节不同的是,我们此处还作出以下假设:④ 拉应力为正;⑤ 多孔介质(孔隙流体和固体骨架)可压缩;⑥ 考虑多孔介质重力引起的体积力。

在上述假设下,孔隙弹性/Biot 固结方程组(Biot,Willis,1957)表达为如下形式:

位移场方程组:

$$G\nabla^2 u + \frac{G}{1-2\nu}\frac{\partial\varepsilon_V}{\partial x} - \alpha\frac{\partial p}{\partial x} = 0 \tag{3.3.38a}$$

$$G\nabla^2 v + \frac{G}{1-2\nu}\frac{\partial\varepsilon_V}{\partial y} - \alpha\frac{\partial p}{\partial y} = 0 \tag{3.3.38b}$$

$$G\nabla^2 w + \frac{G}{1-2\nu}\frac{\partial\varepsilon_V}{\partial z} - \alpha\frac{\partial p}{\partial z} + f_z = 0 \tag{3.3.38c}$$

广义孔隙压力场方程:

$$\nabla\cdot\left[\frac{k_f}{\mu_f}(\nabla p - \rho_f g)\right] + q = \alpha\frac{\partial\varepsilon_V}{\partial t} + \left(\frac{\phi}{K_f} + \frac{\alpha-\phi}{K_s}\right)\frac{\partial p}{\partial t} \tag{3.3.38d}$$

其中,u,v,w 分别代表 x,y,z 三个方向的固体骨架位移,$G = \dfrac{E}{2(1+\nu)}$ 是切变模量(E 是杨氏模量,ν 是泊松比),$\varepsilon_V = \dfrac{\partial u}{\partial x} + \dfrac{\partial v}{\partial y} + \dfrac{\partial w}{\partial z}$ 是多孔介质体积应变,$\alpha = 1 - K_b/K_s$ 是 Biot 孔隙弹性系数($K_b = \dfrac{E}{3(1-2\nu)}$ 是多孔介质体积模量,K_s 是骨架颗粒体积模量),p 是孔隙流体压力,$f_z = [\phi\rho_f + (1-\phi)\rho_s]g$ 是孔隙流体和固体骨架重力引起的体积力(ϕ 是孔隙度,ρ_f 是孔隙流体密度,ρ_s 是固体颗粒密度,g 是重力加速度大小,约等于 $9.81\ \text{m/s}^2$),k_f 是多孔介质绝对渗透率,μ_f 是孔隙流体动力黏度,g 是重力加速度矢量,q 是多孔介质单位体积的源强度(请注意,源为正,汇为负),量纲为 s^{-1},K_f 是孔隙流体体积模量。

值得说明的是,在式(3.3.38)的推导过程中,我们考虑了孔隙流体和固体骨架颗粒的压缩性以及重力引起的体积力。因此,式(3.3.38)所表达的可压缩孔隙弹性方程组也称作通用/广义 Biot 固结理论。

在大多数情况下,重力效应可以忽略。此时,方程组(3.3.38)变为

$$G \nabla^2 u + \frac{G}{1-2\nu} \frac{\partial \varepsilon_V}{\partial x} - \alpha \frac{\partial p}{\partial x} = 0 \qquad (3.3.39a)$$

$$G \nabla^2 v + \frac{G}{1-2\nu} \frac{\partial \varepsilon_V}{\partial y} - \alpha \frac{\partial p}{\partial y} = 0 \qquad (3.3.39b)$$

$$G \nabla^2 w + \frac{G}{1-2\nu} \frac{\partial \varepsilon_V}{\partial z} - \alpha \frac{\partial p}{\partial z} = 0 \qquad (3.3.39c)$$

$$\nabla^2 p = \frac{\alpha}{\lambda_f} \frac{\partial \varepsilon_V}{\partial t} + \frac{1}{\chi} \frac{\partial p}{\partial t} - \frac{1}{\lambda_f} q \qquad (3.3.39d)$$

其中,$\lambda_f = k_f / \mu_f$ 代表孔隙流体的流度,$\chi = \dfrac{\lambda_f}{\phi C_t}$ 代表导压系数$\left(\phi C_t = \dfrac{\phi}{K_f} + \dfrac{\alpha - \phi}{K_s} \right.$,其中,$C_t$ 是多孔介质体积压缩系数$\Big)$。

作为对比,我们考虑不可压缩情形,即孔隙流体和/或固体颗粒的压缩性可以忽略。假如两者的压缩性都可以忽略,则有 $K_s \to \infty$ 和 $K_f \to \infty$。如此一来,$1/\chi \to 0$,$\alpha \to 1$。于是,方程组(3.3.39)简化为

$$G \nabla^2 u + \frac{G}{1-2\nu} \frac{\partial \varepsilon_V}{\partial x} - \frac{\partial p}{\partial x} = 0 \qquad (3.3.40a)$$

$$G \nabla^2 v + \frac{G}{1-2\nu} \frac{\partial \varepsilon_V}{\partial y} - \frac{\partial p}{\partial y} = 0 \qquad (3.3.40b)$$

$$G \nabla^2 w + \frac{G}{1-2\nu} \frac{\partial \varepsilon_V}{\partial z} - \frac{\partial p}{\partial z} = 0 \qquad (3.3.40c)$$

$$\nabla^2 p = \frac{1}{\lambda_f} \frac{\partial \varepsilon_V}{\partial t} - \frac{1}{\lambda_f} q \qquad (3.3.40d)$$

事实上,当源汇项缺失$\left($ 即 $-\dfrac{1}{\lambda_f} q = 0 \right)$ 时,方程组(3.3.40)恰好就是 Biot (1941a) 提出的方程。方程组(3.3.40)即不可压缩孔隙弹性方程,它也被称为经典 Biot 固结理论。非常清楚的是,它明显区别于广义 Biot 固结理论,因为后者是可压缩孔隙弹性而非不可压缩孔隙弹性的控制方程组。

Barry 和 Mercer(1999)以及 Li 和 Lu(2011)分析给出了有限矩形区域内不可压缩孔隙弹性的解析解。在他们的工作中,固体颗粒和孔隙流体都假设为不可压缩的。然而在有些情况下,则是固体颗粒或孔隙流体之一假定为不可压缩的。例如,Tarn 和 Lu(1991)给出的经典地下水流动方程如下:

$$-\frac{k_w}{\gamma_w} \nabla^2 p + \frac{\partial \varepsilon_V}{\partial t} + \phi \beta_w \frac{\partial p}{\partial t} + q = 0 \qquad (3.3.39e)$$

其中, k_w 是地层的渗透率, $\gamma_w = \rho_w \cdot g$ 是孔隙水的重度, $\beta_w = 1/K_f$ 是孔隙水的压缩系数。对比方程(3.3.39e)和(3.3.39d),可以发现,方程(3.3.39e)考虑了孔隙水的压缩性,然而忽略了土体颗粒的压缩性。

对大多数土而言,如 Gutierrez 和 Lewis(2002)强调指出的,土体颗粒的体积模量通常远远大于固体骨架的体积模量,即满足 $K_s \gg K_b$,从而有 $\alpha = 1 - \dfrac{K_b}{K_s} \to 1$。

然而,对大多数岩石而言,岩石骨架的刚度通常与固体颗粒的刚度具有可比性。因此,在建立流动方程时,通常需要考虑固体颗粒的压缩性。

严格说来,对于流固耦合渗流问题,多孔介质(包括固体颗粒和孔隙流体)应当考虑为可变形体。这明显区别于经典渗流力学,后者固体骨架通常假设为不可压缩的或其变形可以忽略(即固体骨架视为刚性骨架)。换言之,固体颗粒和孔隙流体的压缩性应予以考虑,以便准确表征多孔介质内部的流固耦合效应。

考察有限矩形区域内因点汇诱发的孔隙弹性问题,其物理模型如图 3.4 所示。点汇可位于区域内的任意一点。该问题可视为 xz 平面内的一个平面应变孔隙弹性问题。此时,可压缩多孔介质模型简化为

$$G \nabla^2 u + \frac{G}{1-2\nu} \frac{\partial \varepsilon_V}{\partial x} - \alpha \frac{\partial p}{\partial x} = 0 \qquad (3.3.41a)$$

$$G \nabla^2 w + \frac{G}{1-2\nu} \frac{\partial \varepsilon_V}{\partial z} - \alpha \frac{\partial p}{\partial z} = 0 \qquad (3.3.41b)$$

$$\frac{\partial^2 p}{\partial x^2} + \frac{\partial^2 p}{\partial z^2} = \frac{\alpha}{\lambda_f} \frac{\partial \varepsilon_V}{\partial t} + \frac{1}{\chi} \frac{\partial p}{\partial t} - \frac{1}{\lambda_f} q \qquad (3.3.41c)$$

其中, $q = q_0(t)\delta(x-x_0)\delta(z-z_0)$, $q_0(t)$ 是孔隙流体体积流量, δ 是 Dirac δ 函数。

方程组(3.3.41)可由方程组(3.3.39)结合平面应变假设简化得到。

将体积应变 $\varepsilon_V = \dfrac{\partial u}{\partial x} + \dfrac{\partial w}{\partial z}$ 代入方程组(3.3.41),两边同除以 G,得

$$(m+1) \frac{\partial^2 u}{\partial x^2} + \frac{\partial^2 u}{\partial z^2} + m \frac{\partial^2 w}{\partial x \partial z} - \frac{\alpha}{G} \frac{\partial p}{\partial x} = 0 \qquad (3.3.41a')$$

$$(m+1) \frac{\partial^2 w}{\partial z^2} + \frac{\partial^2 w}{\partial x^2} + m \frac{\partial^2 u}{\partial x \partial z} - \frac{\alpha}{G} \frac{\partial p}{\partial z} = 0 \qquad (3.3.41b')$$

其中, $m = \dfrac{1}{1-2\nu}$。

应该提及的是本小节所研究的所有方程都有量纲形式,然而 Barry 和 Mercer (1999)给出的方程组是无量纲形式的。这两个方程组之间的对比如下:

对于位移场,除了孔隙压力偏导数项系数不同之外,方程组(3.3.41a′)和 (3.3.41b′)几乎与 Barry 和 Mercer(1999)的方程组(13)和(14)完全相同。其不同之处是后者引入了无量纲压力 $p_D = p/[G(m+1)]$。然而,两者的孔隙压力场方程差异较大。方程(3.3.41c)中的项 $\dfrac{1}{\chi}\dfrac{\partial p}{\partial t}$ 在后者方程(15)中并没有出现。如前文所述,这个差异是由考虑多孔介质的压缩性与否所导致的。

方程组(3.3.41a′),(3.3.41b′)和(3.3.41c)构成了有限二维孔隙弹性介质内流固耦合渗流的控制方程组。

(2) 边界条件和初始条件

如图 3.4 所示,我们考虑如下边界条件:

孔隙压力场边界条件:

$$p = p_1(x,t), \quad z = 0 \tag{3.3.42a}$$

$$p = p_2(x,t), \quad z = b \tag{3.3.42b}$$

$$p = p_3(z,t), \quad x = 0 \tag{3.3.42c}$$

$$p = p_4(z,t), \quad x = a \tag{3.3.42d}$$

位移场边界条件:

$$u = 0, \quad \frac{\partial w}{\partial z} = 0, \quad z = 0, z = b \tag{3.3.42e}$$

$$w = 0, \quad \frac{\partial u}{\partial x} = 0, \quad x = 0, x = a \tag{3.3.42f}$$

值得指出的是,形如式(3.3.42e)~式(3.3.42f)的位移场边界条件经过了特别细致的挑选,以便合理匹配后续的有限傅里叶变换,并简化解析解求解过程。

位移场和孔隙压力场的初始条件如下:

$$u(x,z,t=0) = 0, \quad w(x,z,t=0) = 0, \quad p(x,z,t=0) = 0 \tag{3.3.42g}$$

上述初始条件有助于简化控制方程组的拉普拉斯变换。当然更为一般的初始条件,例如 $u(x,z,t=0) = u_0(x,z)$, $w(x,z,t=0) = w_0(x,z)$ 和 $p(x,z,t=0) = p_0(x,z)$ 也可以指定。

控制方程组(3.3.41a′),(3.3.41b′)和(3.3.41c)连同定解条件式(3.3.42)构

成了一个数学物理的边值问题。下面我们将集中精力解析求解这个定解问题。

2. 解析解

我们将实施有限傅里叶变换和拉普拉斯变换以获得本小节所研究问题的精确解。积分变换变量定义如下：

$$\begin{cases} \bar{u}(n,q,s) = LC_{xn}S_{zq}\{u(x,z,t)\} \\ \bar{w}(n,q,s) = LS_{xn}C_{zq}\{w(x,z,t)\} \\ \bar{p}(n,q,s) = LS_{xn}S_{zq}\{p(x,z,t)\} \end{cases} \tag{3.3.43a}$$

其中，$L\{\ \}$，$C_{xn}\{\ \}$，$C_{zq}\{\ \}$，$S_{xn}\{\ \}$ 和 $S_{zq}\{\ \}$ 分别代表拉普拉斯变换、有限余弦变换、有限正弦变换，且定义如下：

$$\begin{cases} L\{f(t)\} = \int_0^\infty f(t)e^{-st}\mathrm{d}t \\[2mm] C_{xn}\{f(x)\} = \int_0^a f(x)\cos(\lambda_n x)\mathrm{d}x \\[2mm] C_{zq}\{f(z)\} = \int_0^b f(z)\cos(\lambda_q z)\mathrm{d}z \\[2mm] S_{xn}\{f(x)\} = \int_0^a f(x)\sin(\lambda_n x)\mathrm{d}x \\[2mm] S_{zq}\{f(z)\} = \int_0^b f(z)\sin(\lambda_q z)\mathrm{d}z \end{cases} \tag{3.3.43b}$$

其中，$\lambda_n = n\pi/a$，$\lambda_q = q\pi/b\,(n=0,1,2,\cdots;q=0,1,2,\cdots)$。

对式(3.3.41a′)、式(3.3.41b′)和式(3.3.41c)实施 $LC_{xn}S_{zq}\{\ \}$，$LS_{xn}C_{zq}\{\ \}$ 和 $LS_{xn}S_{zq}\{\ \}$ 变换，利用定解条件式(3.3.42)，求解关于 $\bar{u}(n,q,s)$，$\bar{w}(n,q,s)$ 和 $\bar{p}(n,q,s)$ 的常微分方程组，得到

$$\bar{u}(n,q,s)$$
$$= B_1 \frac{\alpha\{\alpha^2\lambda_q^2 s + G\lambda_f[\lambda_q^2(m+1)(\lambda_q^2 + s/\chi)] + \lambda_n^2[\lambda_q^2(m+1) + s/\chi]\}}{G\tilde{\lambda}^2[\alpha^2 s + G(m+1)\lambda_f(\tilde{\lambda} + s/\chi)]}$$
$$+ B_2 \frac{-\alpha\lambda_n\lambda_q\{\alpha^2 s + G\lambda_f[(m+1)\tilde{\lambda} + ms/\chi]\}}{G\tilde{\lambda}^2[\alpha^2 s + G(m+1)\lambda_f(\tilde{\lambda} + s/\chi)]}$$
$$+ \bar{q}\frac{-\alpha\lambda_n}{\tilde{\lambda}[\alpha^2 s + G(m+1)\lambda_f(\tilde{\lambda} + s/\chi)]} \tag{3.3.44a}$$

$$\bar{w}(n,q,s)$$
$$= B_1 \frac{-\alpha\lambda_n\lambda_q\{\alpha^2 s + G\lambda_f[(m+1)\tilde{\lambda} + ms/\chi]\}}{G\tilde{\lambda}^2[\alpha^2 s + G(m+1)\lambda_f(\tilde{\lambda} + s/\chi)]}$$

$$+ B_2 \frac{\alpha \{\alpha^2 \lambda_n^2 s + G\lambda_f[\lambda_n^2(m+1)(\lambda_q^2 + s/\chi)] + \lambda_n^4[(m+1) + \lambda_q^2 s/\chi]\}}{G\tilde{\lambda}^2[\alpha^2 s + G(m+1)\lambda_f(\tilde{\lambda} + s/\chi)]}$$

$$+ \bar{q} \frac{-\alpha\lambda_q}{\tilde{\lambda}[\alpha^2 s + G(m+1)\lambda_f(\tilde{\lambda} + s/\chi)]} \tag{3.3.44b}$$

$$\bar{p}(n,q,s) = B_1 \frac{\lambda_n[\alpha^2 s + G(m+1)\lambda_f\tilde{\lambda}]}{\tilde{\lambda}[\alpha^2 s + G(m+1)\lambda_f(\tilde{\lambda} + s/\chi)]}$$

$$+ B_2 \frac{\lambda_q[\alpha^2 s + G\lambda_f(m+1)\tilde{\lambda}]}{\tilde{\lambda}[\alpha^2 s + G(m+1)\lambda_f(\tilde{\lambda} + s/\chi)]}$$

$$+ \bar{q} \frac{G(m+1)}{\alpha^2 s + G(m+1)\lambda_f(\tilde{\lambda} + s/\chi)} \tag{3.3.44c}$$

其中，$\tilde{\lambda} = \lambda_n^2 + \lambda_q^2$，$\bar{q}(n,q,s) = LS_{xn}S_{zq}\{q(x,z,t)\}$，$B_1 = \bar{p}_3 - (-1)^n\bar{p}_4$，$B_2 = \bar{p}_1 - (-1)^q\bar{p}_2$，且

$$\bar{p}_1(n,s) = LS_{xn}\{p_1(x,t)\}, \quad \bar{p}_2(n,s) = LS_{xn}\{p_2(x,t)\}$$

$$\bar{p}_3(q,s) = LS_{zq}\{p_3(z,t)\}, \quad \bar{p}_4(q,s) = LS_{zq}\{p_4(z,t)\}$$

式(3.3.44)即是所研究问题在变换域上的解析解。可清楚地看出，固体骨架和孔隙流体属性的参数如 α 和 χ 都已包含在解析解表达式中。也就是说，不可压缩多孔介质模型中无法表征的孔隙弹性和压缩性效应都反映在了式(3.3.44)中。

最终，对方程(3.3.44)实施三重积分反变换，得到

$$u(x,z,t) = \frac{2}{ab}\sum_{q=1}^{\infty}\bar{u}(0,q,t)\sin(\lambda_q z)$$

$$+ \frac{4}{ab}\sum_{q=1}^{\infty}\sum_{n=1}^{\infty}\bar{u}(n,q,t)\cos(\lambda_n x)\sin(\lambda_q z) \tag{3.3.45a}$$

$$w(x,z,t) = \frac{2}{ab}\sum_{n=1}^{\infty}\bar{w}(n,0,t)\sin(\lambda_n x)$$

$$+ \frac{4}{ab}\sum_{q=1}^{\infty}\sum_{n=1}^{\infty}\bar{w}(n,q,t)\sin(\lambda_n x)\cos(\lambda_q z) \tag{3.3.45b}$$

$$p(x,z,t) = \frac{4}{ab}\sum_{q=1}^{\infty}\sum_{n=1}^{\infty}\bar{p}(n,q,t)\sin(\lambda_n x)\sin(\lambda_q z) \tag{3.3.45c}$$

其中，$\bar{u}(n,q,t) = L^{-1}\{\bar{u}(n,q,s)\}$，$\bar{w}(n,q,t) = L^{-1}\{\bar{w}(n,q,s)\}$，$\bar{p}(n,q,t) = L^{-1}\{\bar{p}(n,q,s)\}$。

式(3.3.45)是所研究问题在物理空间上的解析解。显然，该解析解适用于所有相关有限矩形区域孔隙弹性问题。

对于不可压缩多孔介质模型$(\alpha \to 1, 1/\chi \to 0)$，式(3.3.44)可简化为

$$\bar{u}(n,q,s) = B_1 \frac{\lambda_q^2}{G\tilde{\lambda}^2} + B_2 \frac{-\lambda_n \lambda_q}{G\tilde{\lambda}^2} + \bar{q} \frac{-\lambda_n}{\tilde{\lambda}[s + G(m+1)\lambda_f \tilde{\lambda}]}$$

(3.3.44a′)

$$\bar{w}(n,q,s) = B_1 \frac{-\lambda_n \lambda_q}{G\tilde{\lambda}^2} + B_2 \frac{\lambda_n^2}{G\tilde{\lambda}^2} + \bar{q} \frac{-\lambda_q}{\tilde{\lambda}[s + G(m+1)\lambda_f \tilde{\lambda}]}$$

(3.3.44b′)

$$\bar{p}(n,q,s) = B_1 \frac{\lambda_n}{\tilde{\lambda}} + B_2 \frac{\lambda_q}{\tilde{\lambda}} + \bar{q} \frac{G(m+1)}{s + G(m+1)\lambda_f \tilde{\lambda}}$$

(3.3.44c′)

式(3.3.44a′)～式(3.3.44c′)与 Barry 和 Mercer(1999)的式(19)或3.2.6小节的式(3.2.30)相似。前者是有量纲形式，后者是无量纲形式，经过一番转换操作后，这两组式子实际上完全相同。换言之，对于不可压缩多孔介质情形，本小节所得到的解析解可退化为3.2.6小节给出的解析解。这表明 Barry 和 Mercer(1999)的工作可视为本小节研究的一个特例。另一方面，本书给出的各向同性多孔介质研究结果也可参考现有处理方法推广至各向异性情形。

3. 结果和讨论

(1) 两个特例的验证

如上所述，本小节所得到的解析解在不可压缩情形下已由 Barry 和 Mercer(1999)的解析解验证。为了进一步验证，我们再次考察面积为 $a \times b$ 的矩形地层中位于(l, d)点的一口定流量油井的经典(非流固耦合)渗流问题。就该经典渗流问题，孔祥言(2020)分析了两种情形：定压(零压力)边界情形和封闭边界情形。在3.3.2小节中已处理了封闭边界情形，本小节处理定压边界情形。

二维地层经典渗流方程采取如下形式(孔祥言，2020)：

$$\frac{\partial^2 p}{\partial x^2} + \frac{\partial^2 p}{\partial y^2} = \frac{1}{\chi} \frac{\partial p}{\partial t} + \frac{q_1}{\lambda_f} \delta(x-l)\delta(y-d)$$

(3.3.46)

其中，q_1是单位厚度地层的体积采出率，等于 Q/H（Q 是地层体积采出率，H 是地层厚度），(l, d)是定流量点汇(油井)的位置。

假设忽略多孔介质的变形(即有 $u=0$, $w=0$, $\varepsilon_V=0$)，那么由方程组(3.3.41)控制的二维流固耦合渗流模型退化为

$$\frac{\partial^2 p}{\partial x^2} + \frac{\partial^2 p}{\partial y^2} = \frac{1}{\chi} \frac{\partial p}{\partial t} - \frac{1}{\lambda_f} q$$

(3.3.47)

对于定流量点汇,满足 $q = -q_1\delta(x-l)\delta(y-d)$(注意汇为负),此时方程(3.3.47)可进一步简化为

$$\frac{\partial^2 p}{\partial x^2} + \frac{\partial^2 p}{\partial y^2} = \frac{1}{\chi}\frac{\partial p}{\partial t} + \frac{q_1}{\lambda_f}\delta(x-l)\delta(y-d) \qquad (3.3.48)$$

方程(3.3.48)与方程(3.3.46)完全相同。也就是说,当多孔介质变形可忽略时,广义的二维 Biot 固结理论可退化为非耦合的多孔介质模型,即二维不变形多孔介质经典渗流模型。

对于二维不变形多孔介质经典渗流模型(即方程(3.3.46)),在零压力边界条件下,孔祥言(2020)给出了其孔隙压力的解析解:

$$p(x,y,t)$$
$$= p_0(x,y) - \frac{4q_1}{\pi^2\lambda_f ab}\sum_{m=1}^{\infty}\sum_{n=1}^{\infty}\left(\frac{m^2}{a^2} + \frac{n^2}{b^2}\right)^{-1}\left[1 - \exp\left\{-\pi^2\left(\frac{m^2}{a^2} + \frac{n^2}{b^2}\right)\chi t\right\}\right]$$
$$\cdot \sin\frac{m\pi l}{a}\sin\frac{n\pi d}{b}\sin\frac{m\pi x}{a}\sin\frac{n\pi y}{b} \qquad (3.3.49)$$

其中,$p_0(x,y) = p(x,y,t=0) \neq 0$ 是孔隙压力场的初始条件,体现为较式(3.3.42g)而言更为一般的形式。

下面,我们对渗流方程(3.3.48)进行求解。

首先对方程(3.3.48)实施 $LS_{xn}S_{zq}\{\}$ 变换,得到

$$\overline{p}(n,q,s) = \frac{-q_1/\lambda_f\sin(\lambda_n l)\sin(\lambda_q d) + \overline{p}_0(n,q)\cdot s/\chi}{(\tilde{\lambda} + s/\chi)s} \qquad (3.3.50)$$

再对式(3.3.50)实施拉普拉斯反演,得到

$$\overline{p}(n,q,t) = \frac{-q_1\sin(\lambda_n l)\sin(\lambda_q d)(1 - e^{-\tilde{\lambda}\chi t}) + \lambda_f\tilde{\lambda}\overline{p}_0(n,q)e^{-\tilde{\lambda}\chi t}}{\lambda_f\tilde{\lambda}}$$

$$(3.3.51)$$

进一步,利用式(3.3.45c)对式(3.3.51)进行双重正弦反演,获得物理空间上的孔隙压力解析解

$$p(x,y,t)$$
$$= p_0(x,y) + \frac{4}{ab}\sum_{q=1}^{\infty}\sum_{n=1}^{\infty}\frac{-q_1(1 - e^{-\tilde{\lambda}\chi t})}{\lambda_f\tilde{\lambda}}\sin(\lambda_n l)\sin(\lambda_q d)\sin(\lambda_n x)\sin(\lambda_q y)$$

$$(3.3.52)$$

记住 $\tilde{\lambda} = \lambda_n^2 + \lambda_q^2$ 和 $\lambda_n = n\pi/a$,$\lambda_q = q\pi/b$,所以方程(3.3.52)可重写为

$$p(x,y,t)$$

$$= p_0(x,y) - \frac{4q_1}{\pi^2 \lambda_f ab} \sum_{q=1}^{\infty} \sum_{n=1}^{\infty} \left(\frac{n^2}{a^2} + \frac{q^2}{b^2} \right)^{-1} \left[1 - \exp\left\{ -\pi^2 \left(\frac{n^2}{a^2} + \frac{q^2}{b^2} \right) \chi t \right\} \right]$$

$$\cdot \sin\frac{n\pi l}{a} \sin\frac{q\pi d}{b} \sin\frac{n\pi x}{a} \sin\frac{q\pi y}{b} \tag{3.3.53}$$

可见,方程(3.3.53)与方程(3.3.49)完全相同。这再次验证了本小节所给出的解析解的正确性。

(2) 定流量点汇作用下的饱和承压含水层

以一个定流量点汇作用下的饱和承压含水层为例。我们假设该含水层在 y 方向的尺寸远远大于另外两个方向的尺寸。如此一来,与 y 方向相关的应变则远远小于 xz 横截面内的应变。即与 y 方向相关的应变可以忽略,从而所研究的问题可视为 xz 横截面内的一个平面应变孔隙弹性问题。

图 3.4 阐释了孔隙压力场和位移场的边界条件。为简化起见,不妨在四个边界上施加零压力条件(即 $p_1 = p_2 = p_3 = p_4 = 0$)。含水层其他力学属性参数列于表 3.4。

表 3.4　饱和承压含水层的力学属性

参　　数	取　　值
G/MPa	2 000
$\lambda_f/(\mathrm{m^2/s \cdot MPa^{-1}})$	0.296
$\chi/(\mathrm{m^2/s})$	1 503.3
α	0.946
m	2
a/m	8.0
b/m	4.0
x_0/m	4.0
z_0/m	2.0
$q_0/(\mathrm{m^2/s})$	0.03

(3) 解析解

如前文所述,对于定流量点汇,有

$$q = -q_0 \cdot \delta(x - x_0)\delta(z - z_0) \tag{3.3.54}$$

对上式实施 $LS_{xn}S_{zq}\{\ \}$ 变换,得

$$\bar{q}(n,q,s) = -\frac{q_0 \sin(\lambda_n x_0) \sin(\lambda_q z_0)}{s} \qquad (3.3.55)$$

由零压力边界给出 $B_1 = B_2 = 0$,然后将式(3.3.55)代入式(3.3.44),并实施拉普拉斯反演,得到

$$\bar{u}(n,q,t) = \frac{\alpha \lambda_n q_0 \sin(\lambda_n x_0) \sin(\lambda_q z_0) \left[1 - \exp\left\{ -\dfrac{G\lambda_f \tilde{\lambda}(m+1)t}{\alpha^2 + G\lambda_f(m+1)/\chi} \right\} \right]}{G\lambda_f(m+1)\tilde{\lambda}^2}$$

$$(3.3.56a)$$

$$\bar{w}(n,q,t) = \frac{\alpha \lambda_q q_0 \sin(\lambda_n x_0) \sin(\lambda_q z_0) \left[1 - \exp\left\{ -\dfrac{G\lambda_f \tilde{\lambda}(m+1)t}{\alpha^2 + G\lambda_f(m+1)/\chi} \right\} \right]}{G\lambda_f(m+1)\tilde{\lambda}^2}$$

$$(3.3.56b)$$

$$\bar{p}(n,q,t) = -\frac{q_0 \sin(\lambda_n x_0) \sin(\lambda_q z_0) \left[1 - \exp\left\{ -\dfrac{G\lambda_f \tilde{\lambda}(m+1)t}{\alpha^2 + G\lambda_f(m+1)/\chi} \right\} \right]}{\lambda_f \tilde{\lambda}}$$

$$(3.3.56c)$$

因此,将方程组(3.3.56)代入方程组(3.3.45),即得定流量点汇诱发孔隙弹性问题在物理空间上的解析解。

(4) 数值模拟

为了验证以上解析解,此处利用有限差分法对上述饱和承压含水层例子进行数值求解。

所研究问题的控制方程组是三个耦合的二阶偏微分方程组,即位移 u 和 w 的两个方程和孔隙压力 p 的一个方程。为了联立求解这个方程组,我们首先利用时间导数后向差分和空间中心差分格式(即 BTCS 格式)对控制方程组进行隐式离散,得到

$$\frac{G}{\Delta z^2} u_{i,j-1}^n + (m+1)\frac{G}{\Delta x^2} u_{i-1,j}^n - 2\left[\frac{G}{\Delta z^2} + (m+1)\frac{G}{\Delta x^2} \right] u_{i,j}^n$$

$$+ (m+1)\frac{G}{\Delta x^2} u_{i+1,j}^n + \frac{G}{\Delta z^2} u_{i,j+1}^n$$

$$= \alpha\left(\frac{p_{i+1,j}^n - p_{i-1,j}^n}{2\Delta x} \right) - mG\left(\frac{w_{i+1,j+1}^n - w_{i+1,j-1}^n - w_{i-1,j+1}^n + w_{i-1,j-1}^n}{4\Delta x \Delta z} \right)$$

$$(3.3.57a)$$

$$(m+1)\frac{G}{\Delta z^2}w^n_{i,j-1} + \frac{G}{\Delta x^2}w^n_{i-1,j} - 2\left[\frac{G}{\Delta x^2} + (m+1)\frac{G}{\Delta z^2}\right]w^n_{i,j}$$

$$+ \frac{G}{\Delta x^2}w^n_{i+1,j} + (m+1)\frac{G}{\Delta z^2}w^n_{i,j+1}$$

$$= \alpha\left(\frac{p^n_{i,j+1} - p^n_{i,j-1}}{2\Delta z}\right) - mG\left(\frac{u^n_{i+1,j+1} - u^n_{i+1,j-1} - u^n_{i-1,j+1} + u^n_{i-1,j-1}}{4\Delta x\Delta z}\right)$$

(3.3.57b)

$$\frac{1}{(\Delta z)^2}p^n_{i,j-1} + \frac{1}{(\Delta x)^2}p^n_{i-1,j} - \left\{2\left[\frac{1}{(\Delta x)^2} + \frac{1}{(\Delta z)^2}\right] + \frac{1}{\chi\Delta t}\right\}p^n_{i,j}$$

$$+ \frac{1}{(\Delta x)^2}p^n_{i+1,j} + \frac{1}{(\Delta z)^2}p^n_{i,j+1}$$

$$= \frac{\alpha}{\lambda_f}\cdot\frac{1}{2\Delta x\Delta t}(u^n_{i+1,j} - u^{n-1}_{i+1,j} - u^n_{i-1,j} + u^{n-1}_{i-1,j})$$

$$+ \frac{\alpha}{\lambda_f}\cdot\frac{1}{2\Delta z\Delta t}(w^n_{i,j+1} - w^{n-1}_{i,j+1} - w^n_{i,j-1} + w^{n-1}_{i,j-1}) - \frac{1}{\chi\Delta t}p^{n-1}_{i,j} - \frac{1}{\lambda_f}q^n_{i,j}$$

(3.3.57c)

其中，$i = 1,\cdots,I-1$，$j = 1,\cdots,J-1$，$(I+1)\times(J+1)$代表差分网格数。

上述离散后的代数方程组可以写成如下统一的形式：

$$a_{ij}u^n_{i,j-1} + b_{ij}u^n_{i-1,j} + c_{ij}u^n_{i,j} + d_{ij}u^n_{i+1,j} + e_{ij}u^n_{i,j+1} = f_{i,j} \qquad (3.3.58)$$

式(3.3.58)所表达的方程组的系数矩阵是五对角形式，可以用强隐式算法(SIP)高效求解。而对于方程组(3.3.57)，我们利用图 3.19 所示的迭代算法(Mercer，Barry,1999)获得第 n 个时间步的 u，w 和 p。

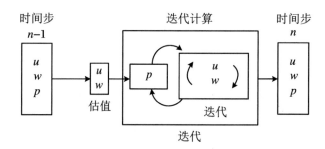

图 3.19 求解方程组(3.3.57)的迭代算法

考虑到对称性，这里只考察上表面位移的时空演化和分布特征。数值结果可利用李贤桂(2010)所开发的强隐式和迭代算法有限差分程序计算得到。在图 3.20 中，我们绘制了上表面中心点($x = 0.5a$，$z = b$)的无量纲竖向位移 w_D 与无

孔隙弹性力学基础

量纲时间 t_D 的关系。与此同时,图3.21给出了上表面 w_D 的长期分布特征(即与无量纲横坐标 x_D 的关系)。此处所涉及的三个无量纲量定义如下:

$$x_D = \frac{x}{a}, \quad w_D = \frac{w}{b}, \quad t_D = \frac{\lambda_f(m+1)G}{b^2}t \qquad (3.3.59)$$

图3.20和图3.21中同时绘制了所研究问题的解析解,以便与数值解对比。可以看出,数值解与解析解吻合得较好。如图3.20所示,$w_D(0.5a,b)$ 的时间响应表现为指数衰减趋势,且当 t_D 足够大(大致 $t_D > 1.5$)时 w_D 趋于稳定。这归因于固结过程中发生的典型消散效应。除此之外,考虑到点汇位置和边界条件的对称性,$w_D(z=b)$ 与 x_D 的关系曲线应呈现为关于 $x_D = 0.5$ 完全对称的漏斗状分布,而这一特点恰恰精准地体现在图3.21中。

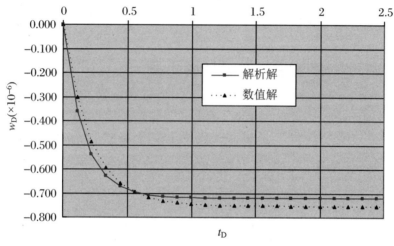

图 3.20　$w_D(0.5a,b)$ 与 t_D 的关系

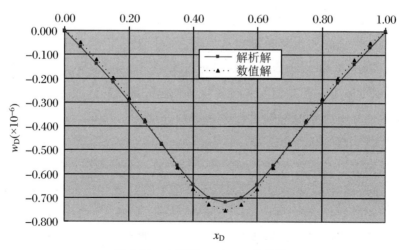

图 3.21　上表面 w_D 与 x_D 的关系

4. 结语

本小节给出了有限矩形区域饱和多孔介质因点汇诱发的瞬态流固耦合渗流的一个解析解(Li et al.,2014)。在该研究中,假设多孔介质为均匀各向同性和可压缩的。点汇可位于多孔介质内部任意位置。多孔介质流固耦合渗流由广义Biot固结理论控制。将积分变换方法用于解析推导问题的封闭形式解,接下来利用已有解析解和数值解验证了所给出的解析解。首先,把所得解析解进行简化并利用解耦问题的现有解析解对其进行了验证。然后,对一个承压含水层抽水的例子进行了研究。其数值解和解析解的一致性验证了本小节所提出的解析解的准确性和可靠性。本小节所提出的解析解有助于人们深入认识有限二维多孔介质流体开采诱发的时间依赖流固耦合力学行为,同时它也可用于校对平面应变孔隙弹性数值解和制定相关行业规范和标准。

3.3.4　轴对称有限层孔隙弹性解析解

本小节基于 Biot 三维固结理论,给出了轴对称有限半径有限厚度多孔介质层内存在一点汇所诱发的稳态流动和变形耦合问题的精确解(Li et al.,2017a)。首先,通过合理选择有限层的侧面边界条件,实现有限 Hankel 变换特征值的统一,从而对 Biot 轴对称固结偏微分方程组顺利实施有限 Hankel 变换;然后,求解变换域上的常微分方程组,得到其解析解;最后,对该变换域上的解析解实施 Hankel反变换,获得了物理空间上位移场和压力场的稳态封闭解。还进一步给出和分析了孔隙弹性层的特殊位置的解析解,开展了饱和软黏土层抽水诱发固结的实例研究,利用有限元解对其解析解进行了验证。与此同时,开展了流固耦合力学行为分析。本小节提出的解析解是轴对称有限层实际孔隙弹性问题的解析解。一方面,它可以帮助人们深入理解有限层流体开采诱发的孔隙弹性力学行为;另一方面,该解析解可以用于校核相关有限区域轴对称层孔隙弹性问题的数值程序。

关于流体开采所导致的轴对称层孔隙弹性问题,目前已报道了一些解析解。例如,在半无限大区域(半空间)方面,Booker 和 Carter 给出了饱和孔隙弹性半空间因定流量点汇引发的流动和变形的稳态解析解和时间依赖的解析解。在其解析解中,土层弹性属性假设为各向同性,而渗透率假设为各向同性(Booker,Carter,1986a)或横观各向同性的(Booker,Carter,1986b,1987)。Tarn 和 Lu(1991)则进一步给出了土层弹性属性和渗透率均横观各向同性时的稳态闭合解,并探讨了地层各向异性及地面边界条件对地面沉降的影响。Chen(2003)给出了饱和孔隙弹性半空间多层地基因抽水引起的稳态解析解,并考察了三种不同抽水方式和三种不同边界条件对结果的影响。Lu(2013)给出了半空间含水层因线汇诱发的长期固结的封闭解。而 Selvadurai 和 Kim(2015)解析考察了半空间含水层内一个圆盘状区域内因流体开采所导致的表面沉降。

在有限厚度轴对称层方面,Barry et al.(1997)给出了有限厚度为 H 的饱和孔隙弹性层因点源诱发的骨架变形和流体流动的稳态解析解。该文研究的孔隙弹性层为有限厚度 H 和无限大半径 r 的圆柱体。

以上解析解对于理解理想无限大或半无限大轴对称层多孔介质内部流固耦合力学行为具有重要的意义。值得指出的是,上述解析解的推导都基于多孔介质层径向尺寸无限大的假设。然而,在工程实践中,真实多孔介质层的半径不可能无限大而只能具有有限尺寸。例如,对于单井抽取或深基坑工程降水所诱发地面沉降及区域性地面沉降等问题,其影响区域的半径显然为有限值,而若仍将其视为无限大处理,明显不够合理。而且一个显而易见的事实是,不论哪种类型的数值计算,半径 r 总是取作有限值(即便实际上 r 为无穷大,计算时也只能将 r 作为很大的值处理)。换言之,上述解析解并不适用于有限轴对称层孔隙弹性问题。因此对有限半径多孔介质层点汇问题开展解析研究,就显得尤为重要。

据笔者所知,在现有工作中,还没有报道过有限厚度、有限半径的轴对称层孔隙弹性的解析解。本小节即旨在推导有限多孔介质层内点汇诱发的孔隙压力场和位移场的稳态精确解。

1. 数学模型

(1) 控制方程组

本小节所研究的内部点汇作用下的有限轴对称多孔介质层的物理模型如图3.22 所示。为便于分析,我们采取如下假设:① 有限层被孔隙流体完全饱和,流体渗流符合 Darcy 定律;② 介质为均匀各向同性和线弹性的,变形符合小变形假设;③ 有效应力原理采用 Terzaghi 经典形式,即 $\sigma'_{ij} = \sigma_{ij} + p\delta_{ij}$,其中 σ'_{ij} 为有效应力张量,σ_{ij} 为应力张量,p 为孔隙流体压力,δ_{ij} 为 Kronecker 符号;④ 固结过程为准静态,且忽略体积力的影响。

采用柱坐标系 (r, θ, z) 描述上述问题,该有限层厚度为 H,半径为 b,假设点汇位置为 $(0, z_0)$,显然该问题为轴对称问题,求解区域为 $0 \leqslant r \leqslant b, 0 \leqslant z \leqslant H$ 的圆柱体。在以上基本假设和条件下,Biot 三维固结/孔隙弹性理论可直接写为

$$-\frac{k}{\mu}\nabla^2 p + \left(\frac{\phi}{K_f} + \frac{1-\phi}{K_s}\right)\frac{\partial p}{\partial t} + \frac{\partial \varepsilon_v}{\partial t} + q = 0 \qquad (3.3.60a)$$

$$G \nabla^2 u_r + (\lambda + G) \frac{\partial \varepsilon_V}{\partial r} - G \frac{u_r}{r^2} - \frac{\partial p}{\partial r} = 0 \qquad (3.3.60b)$$

$$G \nabla^2 u_z + (\lambda + G) \frac{\partial \varepsilon_V}{\partial z} - \frac{\partial p}{\partial z} = 0 \qquad (3.3.60c)$$

其中，$\nabla^2 = \frac{\partial^2}{\partial r^2} + \frac{1}{r} \frac{\partial}{\partial r} + \frac{\partial^2}{\partial z^2}$，$\varepsilon_V = \nabla \cdot u = \frac{\partial u_r}{\partial r} + \frac{u_r}{r} + \frac{\partial u_z}{\partial z}$ 是体积应变，$\lambda = \frac{2G\nu}{1-2\nu}$ 为 Lame 常数，$G = \frac{E}{2(1+\nu)}$ 为切变模量，E 为杨氏模量，ν 为泊松比，K_s 和 K_f 分别为固体骨架颗粒和孔隙流体的体积弹性模量，k 为渗透率，ϕ 为孔隙度，μ 为孔隙流体的动力黏性系数。

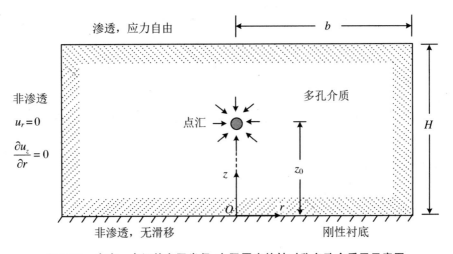

图 3.22 存在一点汇的有限半径、有限厚度的轴对称多孔介质层示意图

对于定流量点汇，假设体积流量为常数 Q，则点汇强度可表达为 $q = \frac{Q}{2\pi r} \delta(r)$ $\cdot \delta(z - z_0)$，其中 $\delta(x)$ 为 Dirac δ 函数。现在考虑定流量点汇引起的有限层稳态变形和流动耦合。即令 $\frac{\partial p}{\partial t} = 0$ 和 $\frac{\partial \varepsilon_V}{\partial t} = 0$，则方程组(3.3.60)可改写为

$$-\frac{k}{\mu} \left(\frac{\partial^2 p}{\partial r^2} + \frac{1}{r} \frac{\partial p}{\partial r} + \frac{\partial^2 p}{\partial z^2} \right) + \frac{Q}{2\pi r} \delta(r) \delta(z - z_0) = 0 \qquad (3.3.61a)$$

$$(\lambda + 2G) \left(\frac{\partial^2 u_r}{\partial r^2} + \frac{1}{r} \frac{\partial u_r}{\partial r} - \frac{u_r}{r^2} \right) + G \frac{\partial^2 u_r}{\partial z^2} + (\lambda + G) \frac{\partial^2 u_z}{\partial r \partial z} - \frac{\partial p}{\partial r} = 0$$

$$(3.3.61b)$$

$$(\lambda + 2G)\frac{\partial^2 u_z}{\partial z^2} + G\left(\frac{\partial^2 u_z}{\partial r^2} + \frac{1}{r}\frac{\partial u_z}{\partial r}\right) + (\lambda + G)\left(\frac{\partial^2 u_r}{\partial r\partial z} + \frac{1}{r}\frac{\partial u_r}{\partial z}\right) - \frac{\partial p}{\partial z} = 0$$

(3.3.61c)

上述控制方程组与 Barry et al. (1997) 的形式完全相同,分别对应其式(16)、式(12)和式(13)。

(2) 边界条件

对于上述控制方程组,应补充适当的边界条件,才能构成定解问题。

假设下表面($z=0$)不透水且满足无滑移条件,则其边界条件如下:

$$\frac{\partial p(r,0)}{\partial z} = 0 \tag{3.3.62a}$$

$$u_r(r,0) = 0 \tag{3.3.62b}$$

$$u_z(r,0) = 0 \tag{3.3.62c}$$

假设有限层上表面($z=H$)自由透水且应力自由(即满足滑移条件),则其边界条件为

$$p(r,H) = 0 \tag{3.3.63a}$$

$$\lambda\left[\frac{\partial u_r(r,H)}{\partial r} + \frac{u_r(r,H)}{r}\right] + (\lambda + 2G)\frac{\partial u_z(r,H)}{\partial z} = 0 \tag{3.3.63b}$$

$$\frac{\partial u_r(r,H)}{\partial z} + \frac{\partial u_z(r,H)}{\partial r} = 0 \tag{3.3.63c}$$

除上、下表面外,有限层的侧面($r=b$)也是其边界之一,也应提供其边界条件。

对于有限层,不妨给出如下侧面边界条件:

$$\frac{\partial p(b,z)}{\partial r} = 0 \tag{3.3.64a}$$

$$u_r(b,z) = 0 \tag{3.3.64b}$$

$$\frac{\partial u_z(b,z)}{\partial r} = 0 \tag{3.3.64c}$$

当然也可给出其他类型的渗流场和位移场的边界条件,例如自由透水边界 $p(b,z)=0$ 和应力自由(即无滑移条件)等。

有限层侧面的正应力为 σ_{rr},切应力为 $\sigma_{\theta\theta}$,应力自由条件为 $\sigma_{rr}=0$,$\sigma_{\theta\theta}=0$。根据应力-应变本构关系,可得

$$(\lambda + 2G)\frac{\partial u_r(b,z)}{\partial r} + \lambda\frac{u_r(b,z)}{r} + \lambda\frac{\partial u_z(b,z)}{\partial z} = 0 \quad (3.3.64b')$$

$$(\lambda + 2G)\frac{u_r(b,z)}{r} + \lambda\frac{\partial u_r(b,z)}{\partial r} + \lambda\frac{\partial u_z(b,z)}{\partial z} = 0 \quad (3.3.64c')$$

作为对比,Barry et al.(1997)给出了 $r \to \infty$, p, u_r, $u_z \to 0$ 的条件,即无限层的侧面边界条件。

值得指出的是,上述侧面边界条件式(3.3.64)实际上是经过人为细致"挑选"的,以便完全匹配后续的 Hankel 积分变换和简化解析解。另一方面,尽管上述边界条件从数学的角度讲是"指定"的,但是实际上它们具有明显的物理意义。方程(3.3.64a)显示侧面边界是不透水的,这一点对于多数工程问题均客观成立。与此同时,我们知道越靠近侧面边界(或者说,距离点汇越远),径向位移 u_r 可能变得越小。换言之,当 r 趋向于侧面边界半径 b 时,u_r 趋向于零。如此说来,方程(3.3.64b)如同方程(3.3.64a),也是一个物理边界条件。方程(3.3.64c)属于自然边界条件。一般而言,自然边界条件对于实际工程问题是隐式满足的(Hughes,2000)。即在侧面边界上 $\frac{\partial u_z(b,z)}{\partial r} = 0$ 总是成立的,除非 u_z 被指定(例如 $u_z(b,z)=0$)。$\frac{\partial u_z(b,z)}{\partial r} = 0$ 意味着在侧面边界处的多孔介质可以沿着轴向 z 发生位移和变形。

考虑到有限多孔层($b \times H$)的情形在实际中经常出现,因此本小节所研究的问题和图 3.22 所示的真实边界条件一起构成工程实践中一个实际的孔隙弹性问题。而控制方程组(3.3.61)以及边界条件式(3.3.62)~式(3.3.64)即构成了所研究问题的数学模型。显然,该数学模型是数学物理上一个完备的边值问题。接下来,我们设法利用有限 Hankel 变换方法求此数学模型的解析解。

2. 解析解推演

(1) 有限 Hankel 变换

对于无限层($0 \leqslant r < \infty$,$0 \leqslant z \leqslant H$)孔隙弹性问题(Barry et al.,1997),通常采用如下径向无限 Hankel 变换以获得其解析解:

$$\bar{p}(\beta,z) = \int_0^\infty rp(r,z)\mathrm{J}_0(\beta r)\mathrm{d}r \quad (3.3.65a)$$

$$\bar{u}_r(\beta,z) = \int_0^\infty ru_r(r,z)\mathrm{J}_1(\beta r)\mathrm{d}r \quad (3.3.65b)$$

$$\bar{u}_z(\beta, z) = \int_0^\infty r u_z(r, z) \mathrm{J}_0(\beta r)\,\mathrm{d}r \qquad (3.3.65\mathrm{c})$$

其中，β 为一个正的连续参数。

考虑到当前研究问题的区域是一个有限层（$0 \leqslant r \leqslant b, 0 \leqslant z \leqslant H$），显然不能采用上述无限 Hankel 变换，而应代替以有限 Hankel 变换。

对函数 $f(r, z)$ 在 r 方向实施有限 Hankel 变换（孔祥言，2020），其定义为

$$H_\nu\{f(r, z)\} = \bar{f}_\nu(\beta_m, z) = \int_0^b r f(r, z) \mathrm{J}_\nu(\beta_m r)\,\mathrm{d}r \qquad (3.3.66)$$

相应的 Hankel 反变换为

$$f(r, z) = \sum_{m=1}^\infty \frac{\mathrm{J}_\nu(\beta_m r)}{N_f(\beta_m)} \bar{f}_\nu(\beta_m, z) \qquad (3.3.67)$$

其中，ν 为 Hankel 变换的阶数，β_m 为离散特征值，而 $\mathrm{J}_\nu(\beta_m r)$ 是 ν 阶 Bessel 函数，也是特征函数，$N_f(\beta_m)$ 为范数。

需要说明的是，ν 取决于被变换函数 $f(r, z)$。对被变换函数 $f(r, z)$ 所满足的偏微分方程实施分离变量后，可得到 ν 阶 Bessel 方程：

$$\frac{\mathrm{d}^2 \mathrm{J}_\nu}{\mathrm{d}r^2} + \frac{1}{r}\frac{\mathrm{d}\mathrm{J}_\nu}{\mathrm{d}r} + \left(\beta_m^2 - \frac{\nu^2}{r^2}\right)\mathrm{J}_\nu = 0$$

因此可根据 p, u_r, u_z 各自对应的偏微分方程，确定变换阶数 ν。与 p 对应的偏微分方程（3.3.61a）中与 r 相关的部分为 $\dfrac{\partial^2 p}{\partial r^2} + \dfrac{1}{r}\dfrac{\partial p}{\partial r}$，所以变换阶数 $\nu = 0$；而对于 u_z，其控制方程（3.3.61c）与 u_z 相关的部分为 $\dfrac{\partial^2 u_z}{\partial r^2} + \dfrac{1}{r}\dfrac{\partial u_z}{\partial r}$，所以 $\nu = 0$，而且因为 $\dfrac{\partial^2 u_z}{\partial r^2} + \dfrac{1}{r}\dfrac{\partial u_z}{\partial r}$ 与 $\dfrac{\partial^2 p}{\partial r^2} + \dfrac{1}{r}\dfrac{\partial p}{\partial r}$ 类似，所以对 u_z 可采用与对 p 类似的变换；对于 u_r，其控制方程（3.3.61b）与 u_r 相关的部分为 $\dfrac{\partial^2 u_r}{\partial r^2} + \dfrac{1}{r}\dfrac{\partial u_r}{\partial r} - \dfrac{u_r}{r^2}$，易知 $\nu = 1$。即对于 p 和 u_z，特征函数为 $\mathrm{J}_0(\beta_m r)$，即 0 阶变换，而对于 u_r，有特征函数 $\mathrm{J}_1(\beta_m r)$，即 1 阶变换：

$$H_0\{p(r, z)\} = \bar{p}(\beta_m, z) = \int_0^b r p(r, z)\mathrm{J}_0(\beta r)\,\mathrm{d}r \qquad (3.3.68\mathrm{a})$$

$$H_0\{u_z(r, z)\} = \bar{u}_z(\beta_m, z) = \int_0^b r u_z(r, z)\mathrm{J}_0(\beta r)\,\mathrm{d}r \qquad (3.3.68\mathrm{b})$$

$$H_1\{u_r(r,z)\} = \bar{u}_r(\beta_m, z) = \int_0^b r u_r(r,z) J_1(\beta r) dr \qquad (3.3.68c)$$

特征值 β_m 及范数 $N_f(\beta_m)$ 的具体形式取决于被变换函数 $f(r,z)$ 所满足的边界条件。我们可利用查表方法(孔祥言,2020)快捷地确定函数 $f(r,z)$ 的有限 Hankel 变换的 β_m 和 $N_f(\beta_m)$。对于 $H_0\{p(r,z)\}$,查表 3.4。如果边界条件为 $p(b,z)=0$,则 β_m 应满足 $J_0(\beta_m b)=0$,且范数满足 $\dfrac{1}{N_p(\beta_m)} = \dfrac{2}{b^2 J_0'^2(\beta_m b)}$;如果 $\dfrac{\partial p(b,z)}{\partial r}=0$,则 $J_0'(\beta_m b)=0$,$\dfrac{1}{N_p(\beta_m)} = \dfrac{2}{b^2 J_0^2(\beta_m b)}$。$u_z$ 变换对应的 β_m 和 $N_z(\beta_m)$ 与上述 p 的变换类似,不再赘述。对于 $u_r,\nu=1$,如果 $u_r(b,z)=0$,则满足 $J_1(\beta_m b)=0$,且此时范数满足 $\dfrac{1}{N_r(\beta_m)} = \dfrac{2}{b^2 J_1'^2(\beta_m b)}$。

根据以上结果,可知边界条件不同会导致变换特征值和范数等发生变化,对于不同的被变换函数及不同的边界条件,其各自对应的 β_m 值可能并不相同。由以上分析,当侧面边界条件取为 $p(b,z)=0$,$u_z(b,z)=0$,$u_r(b,z)=0$ 时,对于 p 和 u_z,其变换的 β_{m1} 为 $J_0(\beta_m b)=0$ 的根,而对于 u_r,其 β_{m2} 为 $J_1(\beta_m b)=0$ 的根。根据 Bessel 函数的性质,$J_0(x)$ 与 $J_1(x)$ 无非零公共零点,即 β_{m1} 与 β_{m2} 不相等,所以对于控制方程组(3.3.61)难以实施有限 Hankel 变换并联立求解。鉴于此,我们不妨合理选择特定的侧面边界条件,使得上述 β_{m1} 和 β_{m2} 一致,如此一来,即可对方程组顺利实现变换并联立求解。

非常幸运的是,如果人为选择侧面边界条件为 $\dfrac{\partial p(b,z)}{\partial r}=0$,$\dfrac{\partial u_z(b,z)}{\partial r}=0$,$u_r(b,z)=0$(即方程(3.3.64)表达的侧面边界条件),即可使得 β_{m1} 和 β_{m2} 完全一致。对 p 和 u_z 而言,其变换的 β_{m1} 为 $J_0'(\beta_m b)=0$ 的根,而对 u_r 而言,其 β_{m2} 仍满足 $J_1(\beta_m b)=0$。由 Bessel 函数的性质,$J_0'(x)=-J_1(x)$,所以 $J_0'(\beta_m b)=0$ 与 $J_1(\beta_m b)=0$ 等价,因此 $\beta_{m1}=\beta_{m2}$,且 $\dfrac{1}{N_p(\beta_m)} = \dfrac{1}{N_z(\beta_m)} = \dfrac{2}{b^2 J_0^2(\beta_m b)}$,$\dfrac{1}{N_r(\beta_m)} = \dfrac{2}{b^2 J_1'^2(\beta_m b)}$。即 $H_0\{p(r,z)\}$ 和 $H_1\{u_r(r,z)\}$ 及 $H_0\{u_z(r,z)\}$ 三个变换的特征值现在得到统一,因此可对方程组(3.3.61)实施相应变换。而且,我们通过不断的试算,发现除了方程(3.3.64)外的其他任何形式的侧面边界条件组合都无法确保 β_{m1} 和 β_{m2} 的相容性(即两者完全一致)。

对式(3.3.61a)实施 H_0 变换,得到

$$\frac{\mathrm{d}^2 \bar{p}}{\mathrm{d}z^2} - \beta_m^2 \bar{p} = \frac{Q\mu}{2\pi k}\delta(z - z_0) \tag{3.3.69a}$$

对式(3.3.61b)实施 H_1 变换,得到

$$G\frac{\mathrm{d}^2 \bar{u}_r}{\mathrm{d}z^2} - \beta_m^2(\lambda + 2G)\bar{u}_r - \beta_m(\lambda + G)\frac{\mathrm{d}\bar{u}_z}{\mathrm{d}z} + \beta_m \bar{p} = 0 \tag{3.3.69b}$$

同理对式(3.3.61c)实施 H_0 变换,得到

$$(\lambda + 2G)\frac{\mathrm{d}^2 \bar{u}_z}{\mathrm{d}z^2} - \beta_m^2 G\bar{u}_z + \beta_m(\lambda + G)\frac{\mathrm{d}\bar{u}_r}{\mathrm{d}z} - \frac{\mathrm{d}\bar{p}}{\mathrm{d}z} = 0 \tag{3.3.69c}$$

同时对边界条件实施 Hankel 变换,得到:

在下底面 $z = 0$ 处,

$$\frac{\mathrm{d}\bar{p}(\beta_m, 0)}{\mathrm{d}z} = 0 \tag{3.3.70a}$$

$$\bar{u}_r(\beta_m, 0) = 0 \tag{3.3.70b}$$

$$\bar{u}_z(\beta_m, 0) = 0 \tag{3.3.70c}$$

在上表面 $z = H$ 处,

$$\bar{p}(\beta_m, H) = 0 \tag{3.3.71a}$$

$$(M - 1)\beta_m \bar{u}_r(\beta_m, H) + (M + 1)\frac{\mathrm{d}\bar{u}_z(\beta_m, H)}{\mathrm{d}z} = 0 \tag{3.3.71b}$$

$$\frac{\mathrm{d}\bar{u}_r(\beta_m, H)}{\mathrm{d}z} - \beta_m \bar{u}_z(\beta_m, H) = 0 \tag{3.3.71c}$$

其中,$M = 1 + \lambda/G = 1/(1 - 2\nu)$,实际与本书前文中的 m 相同。

方程组(3.3.70)和(3.3.71)即是变换域上的边界条件,它们对应于物理空间上的边界条件式(3.3.62)~式(3.3.64)。方程组(3.3.69)和边界条件式(3.3.70)和式(3.3.71)构成了一个变换域上的常系数线性常微分方程组边值问题。

(2) 边界条件的选取及与无限 Hankel 变换的比较

对于如上有限 Hankel 变换,值得指出的有两点:

第一点是该变换和无限 Hankel 变换具有明显的差别。表面上看来似乎两种变换形式相同,只是积分上限有所区别,其实不然。对有限 Hankel 变换而言,变换的特征值 β_m 是离散的,它取决于具体的被变换函数以及边界条件等,对应于每个被变换函数,都有其特定的 β_m;而对于无限 Hankel 变换,β 是连续的,它与具体被变换函数和满足的边界条件无关。

第二点是在用积分变换方法求解问题时,应仔细选取合适的边界条件,以与积分变换相匹配并尽量使得变换简化,从而可能获得解析解。对于无限 Hankel 变换,Barry et al.(1997)给出了侧面边界条件(即 $r \to \infty$, $p = 0$, $u_z = 0$, $u_r = 0$),利用此边界条件,对控制方程组进行 r 方向上的变换,得到了形式简单的变换后的方程组,如其式(32)～式(35)所示。对于有限 Hankel 变换,上文选取的侧面边界条件为 $r = b$, $\frac{\partial p}{\partial r} = 0$, $\frac{\partial u_z}{\partial r} = 0$, $u_r = 0$,则恰好使得 $H_0\{p(r,z)\}$ 和 $H_1\{u_r(r,z)\}$ 及 $H_0\{u_z(r,z)\}$ 三个变换的特征值完全统一起来,从而得到了变换后的方程组(3.3.70)。

(3) 常微分方程组边值问题的求解

观察方程组(3.3.69),不难发现压力场方程(3.3.69a)实际上是解耦的,$\bar{p}$ 与 $\bar{u}_r$ 和 $\bar{u}_z$ 无关,而位移场方程(3.3.69b)和(3.3.69c)都是耦合的,因此可先单独求解压力场方程再联立求解位移场方程组。

(4) 压力场方程组的求解

考虑到 $\delta(x)$ 的性质,方程(3.3.69a)可改写为

$$\frac{\mathrm{d}^2 \bar{p}}{\mathrm{d} z^2} - \beta_m^2 \bar{p} = 0, \quad 0 \leqslant z < z_0 \tag{3.3.72a}$$

$$\frac{\mathrm{d}^2 \bar{p}}{\mathrm{d} z^2} - \beta_m^2 \bar{p} = 0, \quad z_0 < z \leqslant H \tag{3.3.72b}$$

方程(3.3.72a)和(3.3.72b)为 2 阶常系数线性齐次常微分方程,其特征方程为 $s^2 - \beta_m^2 = 0$,特征根为 $s_1 = \beta_m$, $s_2 = -\beta_m$,所以其通解可写为

$$\bar{p}_1 = A_1 \cosh(\beta_m z) + A_2 \sinh(\beta_m z), \quad 0 \leqslant z < z_0 \tag{3.3.73a}$$

$$\bar{p}_2 = B_1 \cosh[\beta_m(H - z)] + B_2 \sinh[\beta_m(H - z)], \quad z_0 < z \leqslant H \tag{3.3.73b}$$

其中,A_1, A_2, B_1, B_2 为待定常数。

方程(3.3.69a)存在非齐次项 $\frac{Q\mu}{2\pi k}\delta(z - z_0)$,其解应满足格林函数匹配条件(王高雄等,2006):

$$\bar{p}_2(z_0^+) = \bar{p}_1(z_0^-) \tag{3.3.74a}$$

$$\bar{p}' \Big|_{z_0^-}^{z_0^+} = \bar{p}_2'(z_0^+) - \bar{p}_1'(z_0^-) = \frac{Q\mu}{2\pi k} \tag{3.3.74b}$$

以上两式结合压力场边界条件式(3.3.70a)和式(3.3.71a)共计四个约束条

件,可唯一确定通解(3.3.73a)和(3.3.73b)中的四个待定常数,最终可得到

$$\bar{p}_1 = A_1 \cosh(\beta_m z), \quad 0 \leqslant z \leqslant z_0 \tag{3.3.75a}$$

$$\bar{p}_2 = B_2 \sinh[\beta_m(H - z)], \quad z_0 \leqslant z \leqslant H \tag{3.3.75b}$$

其中,$A_1 = -\dfrac{Q\mu \sinh[\beta_m(H - z_0)]}{2\pi k \beta_m \cosh(\beta_m H)}$,$B_2 = -\dfrac{Q\mu \cosh(\beta_m z_0)}{2\pi k \beta_m \cosh(\beta_m H)}$。

（5）位移场方程组的求解

将上述 $\bar{p}$ 解作为已知量代入位移场方程(3.3.69b)和(3.3.69c),两者构成二元方程组,此处采用消元升阶法(王高雄等,2006)求解。

式(3.3.69b)和式(3.3.69c)两边都除以 G,可得到

$$\frac{\mathrm{d}^2 \bar{u}_r}{\mathrm{d}z^2} - \beta_m^2(M + 1)\bar{u}_r - \beta_m M \frac{\mathrm{d}\bar{u}_z}{\mathrm{d}z} + \frac{\beta_m}{G}\bar{p} = 0 \tag{3.3.76a}$$

$$(M + 1)\frac{\mathrm{d}^2 \bar{u}_z}{\mathrm{d}z^2} - \beta_m^2 \bar{u}_z + \beta_m M \frac{\mathrm{d}\bar{u}_r}{\mathrm{d}z} - \frac{1}{G}\frac{\mathrm{d}\bar{p}}{\mathrm{d}z} = 0 \tag{3.3.76b}$$

记 $\dfrac{\mathrm{d}}{\mathrm{d}z} = D$,则 $D^2\{$式(3.3.76a)$\}$:

$$\bar{u}_r^{(4)} - \beta_m^2(M + 1)\bar{u}_r^{(2)} - \beta_m M \bar{u}_z^{(3)} + \frac{\beta_m}{G}\bar{p}^{(2)} = 0 \tag{3.3.77}$$

$D\{$式(3.3.76b)$\}$:

$$(M + 1)\bar{u}_z^{(3)} - \beta_m^2 \bar{u}_z^{(1)} + \beta_m M \bar{u}_r^{(2)} - \frac{1}{G}\bar{p}^{(2)} = 0 \tag{3.3.78}$$

式(3.3.77)$\times(M + 1)$ + 式(3.3.78)$\times M \times \beta_m$,得

$$(M + 1)\bar{u}_r^{(4)} - \beta_m^2(2M + 1)\bar{u}_r^{(2)} - \beta_m^3 M \bar{u}_z^{(1)} + \frac{\beta_m}{G}\bar{p}^{(2)} = 0 \tag{3.3.79}$$

式(3.3.76a)$\times \beta_m^2$ − 式(3.3.79),得

$$\bar{u}_r^{(4)} - 2\beta_m^2 \bar{u}_r^{(2)} + \beta_m^4 \bar{u}_r = \frac{\beta_m}{G(M + 1)}(\beta_m^2 \bar{p} - \bar{p}^{(2)}) \tag{3.3.80}$$

利用式(3.3.69a),有

$$\bar{u}_r^{(4)} - 2\beta_m^2 \bar{u}_r^{(2)} + \beta_m^4 \bar{u}_r = -\frac{\beta_m}{G(M + 1)} \cdot \frac{Q\mu}{2\pi k}\delta(z - z_0) \tag{3.3.81}$$

即将二元方程组(3.3.69b)和(3.3.69c)通过消元升阶法简化为 $\bar{u}_r$ 的 4 阶常系数

线性非齐次常微分方程。其对应齐次方程的特征方程为 $s^4 - 2\beta_m^2 s^2 + \beta_m^4 = 0$,其特征根为 $s_{2,4} = -\beta_m$(2 重根),$s_{1,3} = \beta_m$(2 重根),所以方程(3.3.81)的通解可写为

$$\bar{u}_{r1} = (C_1 + C_3 z)\cosh(\beta_m z) + (C_2 + C_4 z)\sinh(\beta_m z), \quad 0 \leqslant z < z_0$$

$$(3.3.82\text{a})$$

$$\bar{u}_{r2} = (D_1 + D_3 z)\cosh[\beta_m(H - z)]$$
$$+ (D_2 + D_4 z)\sinh[\beta_m(H - z)], \quad z_0 < z \leqslant H \qquad (3.3.82\text{b})$$

显然与 $\bar{u}_r$ 相互耦合的是 $\bar{u}_z$,两者是相互关联的,实施消元处理,即 $D\{$式 (3.3.76a)$\} \times (M+1) +$ 式(3.3.76b) $\times M \times \beta_m$,得到

$$(M+1)\bar{u}_r^{(3)} - \beta_m^2(2M+1)\bar{u}_r^{(1)} + \frac{\beta_m}{G}\bar{p}^{(1)} = \beta_m^3 M \bar{u}_z \qquad (3.3.83)$$

所以

$$\bar{u}_z = \frac{1}{\beta_m^3 M}\left[(M+1)\bar{u}_r^{(3)} - \beta_m^2(2M+1)\bar{u}_r^{(1)} + \frac{\beta_m}{G}\bar{p}^{(1)}\right] \qquad (3.3.84)$$

式(3.3.84)表达了 $\bar{u}_z$ 与 $\bar{u}_r$ 及 $\bar{p}$ 之间的关系,而 $\bar{p}$ 及 $\bar{u}_r$ 在上文均已给出,因此可"直接"得到 $\bar{u}_z$ 如下:

$$\bar{u}_{z1} = \left[\frac{1}{\beta_m M G}A_2 + \frac{M+2}{\beta_m M}C_3 - (C_2 + C_4 z)\right]\cosh(\beta_m z)$$

$$+ \left[\frac{M+2}{\beta_m M}C_4 - (C_1 + C_3 z)\right]\sinh(\beta_m z), \quad 0 \leqslant z < z_0 \qquad (3.3.85\text{a})$$

$$\bar{u}_{z2} = \left[\frac{M+2}{\beta_m M}D_3 + (D_2 + D_4 z)\right]\cosh[\beta_m(H - z)]$$

$$+ \left[-\frac{1}{\beta_m M G}B_1 + \frac{M+2}{\beta_m M}D_4 + (D_1 + D_3 z)\right]\sinh[\beta_m(H - z)], \quad z_0 < z \leqslant H$$

$$(3.3.85\text{b})$$

至此,常微分方程组(3.3.69b)和(3.3.69c)的通解 $\bar{u}_r$ 及 $\bar{u}_z$ 已给出,分别见式 (3.3.82a)和式(3.3.82b)、式(3.3.85a)和式(3.3.85b)。现在要做的即是利用边界条件和 $z = z_0$ 处的连续条件来确定 $\bar{u}_r$ 和 $\bar{u}_z$ 中的待定常数 C_1, C_2, C_3, C_4 和 D_1, D_2, D_3, D_4。

式(3.3.70b)、式(3.3.70c)和式(3.3.71b)、式(3.3.71c)给出了 $\bar{u}_r$ 和 $\bar{u}_z$ 满足的边界条件,共计四个定解条件。下面再根据 $z = z_0$ 处的连续性寻求其他约束方程。对 $\bar{u}_r$ 满足的 4 阶微分方程(3.3.81)而言,它的非齐次项为 $-\dfrac{\beta_m}{G(M+1)} \cdot$

$\frac{Q\mu}{2\pi k}\delta(z-z_0)$,同理也应满足格林函数匹配条件,即

$$\bar{u}_{r2}(z_0^+) = \bar{u}_{r1}(z_0^-) \tag{3.3.86a}$$

$$\left[\bar{u}_r^{(3)} - 2\beta_m^2\bar{u}_r^{(1)}\right]\Big|_{z_0^-}^{z_0^+} = -\frac{\beta_m}{G(M+1)} \cdot \frac{Q\mu}{2\pi k} \tag{3.3.86b}$$

而对 $\bar{u}_z$ 而言,同理,通过消元升阶法可得到其 4 阶常微分方程为

$$\bar{u}_z^{(4)} - 2\beta_m^2\bar{u}_z^{(2)} + \beta_m^4\bar{u}_z = \frac{1}{G(M+1)} \cdot \frac{\mathrm{d}}{\mathrm{d}z}\left[\frac{Q\mu}{2\pi k}\delta(z-z_0)\right] \tag{3.3.87}$$

其格林函数匹配条件为

$$\bar{u}_{z2}(z_0^+) = \bar{u}_{z1}(z_0^-) \tag{3.3.88a}$$

$$\bar{u}_z^{(2)}\Big|_{z_0^-}^{z_0^+} = \frac{1}{G(M+1)} \cdot \frac{Q\mu}{2\pi k} \tag{3.3.88b}$$

可见,$\bar{u}_r$ 和 $\bar{u}_z$ 格林函数匹配条件给出了式(3.3.86a)、式(3.3.86b)和式(3.3.88a)、式(3.3.88b)四个约束条件再加之上述四个边界条件式(3.3.70b)、式(3.3.70c)和式(3.3.71b)、式(3.3.71c),共计八个约束方程。因此可用来唯一确定待定常数 C_1, C_2, C_3, C_4 和 D_1, D_2, D_3, D_4。鉴于待定常数形式复杂,此处省略,具体形式可参考 Li 等(2017a)的附属文件"$C_1 \sim C_4$ and $D_1 \sim D_4$ coefficients. txt"。

（6）物理空间上的解析解（有限 Hankel 反变换）

方程(3.3.67)给出了 $\bar{f}_\nu(\beta_m, z)$ 的反变换/反演公式,据此,可依次写出 $\bar{p}$、$\bar{u}_r$ 和 $\bar{u}_z$ 相应的反变换如下:

$$p(r,z) = \sum_{m=0}^{\infty} \frac{\mathrm{J}_0(\beta_m r)}{N_p(\beta_m)} \cdot \bar{p}(\beta_m, z) \tag{3.3.89a}$$

$$u_r(r,z) = \sum_{m=1}^{\infty} \frac{\mathrm{J}_1(\beta_m r)}{N_r(\beta_m)} \cdot \bar{u}_r(\beta_m, z) \tag{3.3.89b}$$

$$u_z(r,z) = \sum_{m=0}^{\infty} \frac{\mathrm{J}_0(\beta_m r)}{N_z(\beta_m)} \cdot \bar{u}_z(\beta_m, z) \tag{3.3.89c}$$

其中,$\beta_m(m \geqslant 1)$ 是 $\mathrm{J}_1(\beta_m b) = 0$ 的正根,范数倒数为

$$\frac{1}{N_p(\beta_m)} = \frac{1}{N_z(\beta_m)} = \frac{2}{b^2\mathrm{J}_0^2(\beta_m b)}$$

$$\frac{1}{N_r(\beta_m)} = \frac{2}{b^2\mathrm{J}_1'^2(\beta_m b)}$$

注意对于 p 和 u_z，因为 $\nu = 0$，所以 $\beta_0 = 0$ 也是一个特征值，对应特征函数为 $J_0(\beta_0 r) = 1$，范数倒数为

$$\frac{1}{N_p(\beta_0)} = \frac{1}{N_z(\beta_0)} = \frac{2}{b^2 J_0^2(0)} = \frac{2}{b^2}$$

式(3.3.89)即是本小节所研究的有限层点汇诱发孔隙弹性问题在物理空间上的稳态封闭形式精确解。可见，它们表现为包含 Bessel 函数和双曲函数的无穷级数和的形式。

（7）解析解分析

如前文所述，解析解式(3.3.89)存在的前提是侧面边界条件 $\dfrac{\partial p(b,z)}{\partial r} = 0$，$\dfrac{\partial u_z(b,z)}{\partial r} = 0$ 和 $u_r(b,z) = 0$（即式(3.3.64a)～式(3.3.64c)）。既然现在已得到解析解，那么这些解析解必然首先要满足上述指定的侧面边界条件，下面即分析这一点。

在式(3.3.89b)中，令 $r = b$，得到

$$u_r(b,z) = \sum_{m=1}^{\infty} \frac{J_1(\beta_m b)}{N_r(\beta_m)} \cdot \bar{u}_r(\beta_m, z) \xrightarrow{J_1(\beta_m b) = 0} u_r(b,z) = 0 \quad (3.3.90)$$

这恰恰是侧面边界条件式(3.3.64b)。

对式(3.3.89a)求导，得

$$\frac{\partial p}{\partial r} = \frac{\partial \left[\sum\limits_{m=0}^{\infty} \dfrac{J_0(\beta_m r)}{N_p(\beta_m)} \cdot \bar{p}(\beta_m, z) \right]}{\partial r} = \sum_{m=0}^{\infty} \frac{J_0'(\beta_m r)}{N_p(\beta_m)} \cdot \bar{p}(\beta_m, z)$$

则

$$\frac{\partial p(b,z)}{\partial r} = \sum_{m=0}^{\infty} \frac{J_0'(\beta_m b)}{N_p(\beta_m)} \cdot \bar{p}(\beta_m, z) \xrightarrow{J_0'(\beta_m b) = 0} \frac{\partial p(b,z)}{\partial r} = 0$$

$$(3.3.91a)$$

同理，由式(3.3.89c)，可得

$$\frac{\partial u_z(b,z)}{\partial r} = \sum_{m=0}^{\infty} \frac{J_0'(\beta_m b)}{N_z(\beta_m)} \cdot \bar{u}_z(\beta_m, z) = 0 \quad (3.3.91b)$$

可见，式(3.3.91a)和式(3.3.91b)与侧面边界条件式(3.3.64a)和式(3.3.64c)完

全相同。即侧面边界上的解析解与指定的侧面边界条件相互协调,这也在一定意义上验证了本小节所给出的解析解的正确性。同时,这也显示出了侧面边界条件在积分变换和反变换求解解析解过程中的作用和重要性。

特别地,抽水诱发的地面沉降和侧向位移通常是人们非常关心的问题之一。下面我们分析上表面的位移场和压力。在解析解式(3.3.89)中,令 $z = H$,即得到上表面压力和二向位移的解析解:

$$p(r,H) = \sum_{m=0}^{\infty} \frac{\mathrm{J}_0(\beta_m,r)}{N_p(\beta_m)} \cdot \bar{p}(\beta_m,H) \tag{3.3.92a}$$

$$u_r(r,H) = \sum_{m=1}^{\infty} \frac{\mathrm{J}_1(\beta_m r)}{N_r(\beta_m)} \cdot \bar{u}_r(\beta_m,H) \tag{3.3.92b}$$

$$u_z(r,H) = \sum_{m=0}^{\infty} \frac{\mathrm{J}_0(\beta_m r)}{N_z(\beta_m)} \cdot \bar{u}_z(\beta_m,H) \tag{3.3.92c}$$

将 $\bar{p}(\beta_m,H) = 0$,$\bar{u}_r(\beta_m,H) = C_1$,$\bar{u}_z(\beta_m,H) = -\dfrac{1}{\beta_m MG}B_2 + \dfrac{M+2}{\beta_m M}D_3 + D_2 + D_4 H = D_5$,以及 $N_p(\beta_m)$,$N_r(\beta_m)$,$N_z(\beta_m)$ 的具体形式依次代入式(3.3.92a)~式(3.3.92c),可得

$$p(r,H) = 0 \tag{3.3.93a}$$

$$u_r(r,H) = \frac{2(D_1 + D_3 H)}{b^2} \cdot \sum_{m=1}^{\infty} \frac{\mathrm{J}_1(\beta_m r)}{\mathrm{J}_1'^2(\beta_m b)} \tag{3.3.93b}$$

$$u_z(r,H) = \frac{2D_5}{b^2} \cdot \sum_{m=1}^{\infty} \frac{\mathrm{J}_0(\beta_m r)}{\mathrm{J}_0^2(\beta_m b)} \tag{3.3.93c}$$

方程组(3.3.93)给出了所研究问题上表面的孔隙压力和位移的解析解。式(3.3.93a)显示上表面孔隙压力为零,这与孔隙压力边界条件式(3.3.63a)完全吻合。

除上表面解答外,下面还分析了有限层中心轴线 $r = 0$ 处位移场和孔隙压力的特征。

当 $r = 0$ 时,$\mathrm{J}_1(\beta_m r) = 0$。将上式代入式(3.3.89b),可得

$$u_r(0,z) = 0 \tag{3.3.94a}$$

式(3.3.94a)表明有限层内中心轴线上点的径向位移为零,而这正是由所研究问题的几何对称性和点汇位置对称性($r = 0$)决定的。

同理,我们可以得到

$$p(0,z) = \frac{2}{b^2} \sum_{m=1}^{\infty} \frac{1}{\mathrm{J}_0^2(\beta_m b)} \cdot \overline{p}(\beta_m, z) \tag{3.3.94b}$$

$$u_z(0,z) = \frac{2}{b^2} \sum_{m=0}^{\infty} \frac{1}{\mathrm{J}_0^2(\beta_m b)} \cdot \overline{u}_z(\beta_m, z) \tag{3.3.94c}$$

将 $\overline{u}_z(\beta_m, H) = D_5$ 代入式(3.3.94c),有

$$u_z(0,H) = \frac{2D_5}{b^2} \left[1 + \sum_{m=1}^{\infty} \frac{1}{\mathrm{J}_0^2(\beta_m b)} \right] \tag{3.3.95}$$

方程(3.3.95)表达了上表面中心点 $(0,H)$ 的竖向位移/沉降,这也是所研究问题的最大沉降量。关于这一点,我们还会在下面的实例研究中进行阐述。

3. 实例研究

此处开展了一个实例分析。一方面验证本小节所提出的解析解的正确性,另一方面简要地分析有限孔隙弹性层内因点汇诱发的流固耦合力学行为。

(1) 饱和软黏土层点汇问题

考虑一个实际的饱和软黏土层(李培超等,2010)。假定其半径和厚度有限,内部承受如图 3.22 所示的点汇作用。其几何尺寸和孔隙弹性参数见表 3.5。

表 3.5 饱和软黏土层的孔隙弹性参数和几何尺寸

参　数	取　值
E/MPa	3.949 45
ν	0.25
K_s/MPa	48.55
K_f/MPa	1.362
ϕ	0.52
k/m²	$1.574\,06 \times 10^{-17}$
μ/(Pa·s)	2.0×10^{-4}
H/m	4.0
b/m	6.0
z_0/m	2.0
Q/(m³/s)	6.0×10^{-8}

考虑到 $G = \dfrac{E}{2(1+\nu)}$,$\lambda = \dfrac{2G\nu}{1-2\nu}$,$M = 1 + \lambda/G = 1/(1-2\nu)$,因此可以得到 $G = 1.579\,78$ MPa,$\lambda = 1.579\,78$ MPa,$M = 2.0$。

（2）结果和讨论

对于所研究的问题，我们已经给出了解析解，其形式为方程（3.3.89）。如前文所述，有限层表面的沉降和变形行为是我们的一个主要关注点。因此，此处我们考察了上表面的位移场的空间分布特征。图3.23展示的是上表面最终（长期）径向位移和竖向位移（沉降量）的轮廓图，其中，实线代表由方程（3.3.89）得到的表3.5代表的有限层问题的解析解，而点线表达的是利用有限元分析软件

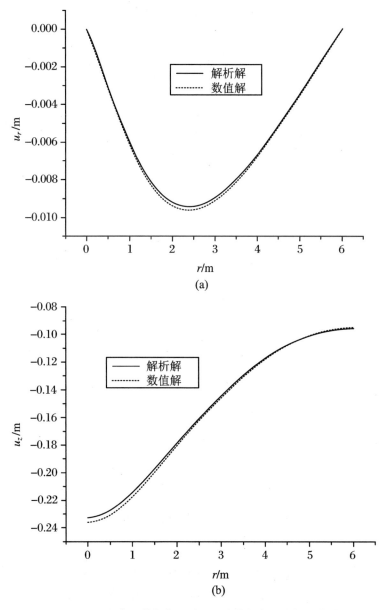

图 3.23　土层上表面的径向位移和沉降量与径向坐标 r 的关系

COMSOL Multiphysics 5.2 模拟得到的有限元数值解。不难看出,解析解与数值解吻合得较好,这也验证了本小节所推导得到的解析解的正确性和可靠性。

从图 3.23(b)可以看出,表面沉降形成了一个典型的沉降漏斗,且其沉降量最大值 - 0.232 41 m 对应于上表面中心点(0.0,4.0)(这一点在上文中已给出,即方程(3.3.95)给出了上表面中心点(0, H)的沉降是所研究问题的最大沉降量)。另外,如图 3.23(a)所示,径向位移在两个端点(即 $r=0$ 和 $r=6$)都趋向于零,这取决于 $r=0$ 处的对称条件和 $r=6$ 处施加的侧面径向位移边界条件(即式(3.3.64b))。同时,我们注意到最大径向位移 - 0.009 43 m 大致在点(2.4,4.0)处产生,这是点汇作用和应力自由边界条件方程(3.3.63b)~(3.3.63c)效应相互竞争所导致的结果。

下底面的孔隙压力绘制在图 3.24 中。因为在下底面已经指定位移场为无滑移边界条件方程(3.3.62b)~(3.3.62c),所以下底面的径向位移和沉降均为零。

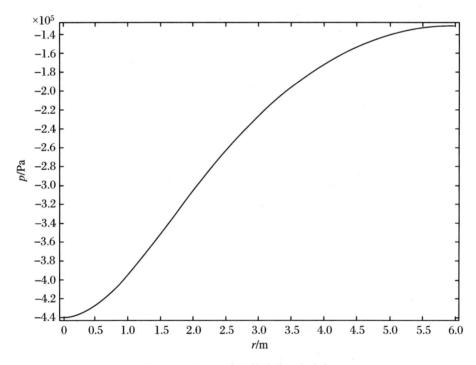

图 3.24　土层下底面的孔隙压力分布

除了上述的上表面和下底面外,中心轴上的孔隙压力和竖向位移(沉降量)的分布见图 3.25。该图清楚描绘了点汇和边界条件对孔隙压力和沉降分布的影响。可见,图 3.25(a)孔隙压力图上明显存在一个陡峭的凹槽,而且最低压力值 - 2.079 60 MPa 出现在点(0.0,2.0)处。该点恰是点汇所在的位置,同时,图 3.25(b)位移曲线上对应该点也出现了明显的转折点。再回到图 3.25(a),我们不难发

　孔隙弹性力学基础

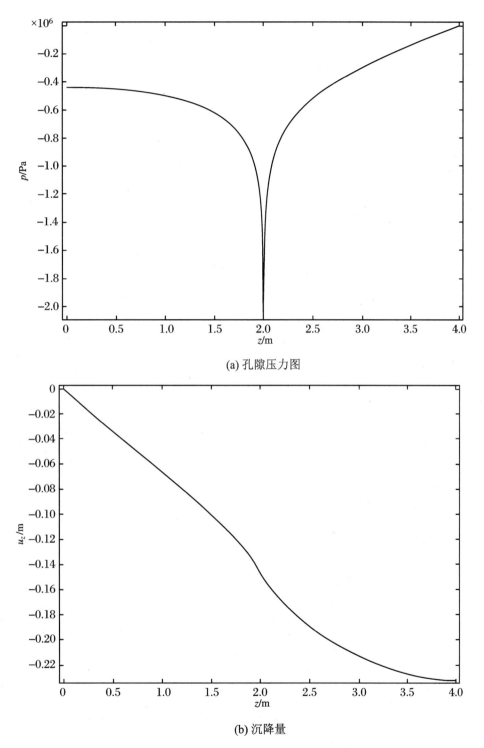

(a) 孔隙压力图

(b) 沉降量

图 3.25 土层中心轴上孔隙压力和沉降量分布

现,随着坐标 z 离开汇点越远,孔隙压力降变得越缓慢。上述孔隙压力的变化趋势(孔隙压力陡峭的凹槽,随距离越远孔隙压力降变化越慢)可归因于点汇函数的固有特征(即点汇可表达为 Dirac δ 函数)。另一方面,从图 3.25(a)不难看出,尽管点汇位于对称轴 $r = 0$ 的中点,但是孔隙压力分布并非关于中点(0.0,2.0)对称。这是因为孔隙压力场在有限层上表面和下底面处的边界条件明显不同(上表面是透水边界,下底面是不透水边界)。而且,离点汇越远的位置,点汇对孔隙压力的影响越弱,相反地,边界条件对孔隙压力的影响变得越强。因此,正如所期,观察图 3.25(a),不难发现,靠近下底面($z = 0$)处的孔隙压力对应于孔隙压力曲线上最左边的平台段,这是由下底面不透水边界条件(即方程(3.3.62a))决定的;而在上表面($z = 4.0$)处的孔隙压力却是零,对应于孔隙压力曲线的最右端,这与上表面($z = 4.0$)的透水边界条件(即方程(3.3.63a))完全一致。同时,如图 3.25(b)所示的坐标原点(0.0,0.0)处的零沉降则取决于下底面($z = 0$)处的无滑移边界条件(即方程(3.3.62c)),而沉降量在上表面中心点(0.0,4.0)取得最大值 -0.23241 m(图 3.25(b)和图 3.23(b))。

同样,有限层侧面上的孔隙压力分布和竖向位移(沉降)如图 3.26 所示。侧面上的径向位移 u_r 应为零,这是由式(3.3.62(b))(径向位移的侧面边界条件)决定的。跟图 3.25 所示的中心轴情形相比,我们可以看到,有限层侧面上的孔隙压力和沉降特征主要受侧面边界条件控制,而点汇的影响几乎可以忽略不计。

图 3.23~图 3.26 阐明了孔隙压力和位移在某些特殊位置如上表面和下底面以及侧面和对称轴上的特征。接下来,我们来考察孔隙压力场和位移场在整个研究区域($b \times H$)上的分布。孔隙压力、径向位移和竖向位移(沉降量)的长期(稳态)等值线图绘制于图 3.27(彩图见 196 页),其中,图 3.27(a)是压力的轮廓图,图 3.27(b)是径向位移的轮廓图,图 3.27(c)是沉降的轮廓图。

无独有偶,点汇和边界条件对孔隙压力场和位移场的影响是相互竞争的,而且直接体现在如图 3.27 所示的等值线图上。从图 3.27(a)可以看出,越靠近点汇处,孔隙压力等值线越趋向于圆形,这与预想的一致,因为边界条件对靠近点汇处的影响很弱。然而,当考察的位置距离点汇越来越远时,孔隙压力等值线开始变得越来越歪曲,这是因为距离点汇越远,边界条件的影响开始越来越重要和显著。由点汇诱发的孔隙压力消散效应通常会导致位移增大,然而由边界引起的拖拽效应则会抵消上述孔隙压力消散效应(Barry et al.,1997)。因此,位移场的等值线图在形状和趋势方面(图 3.27(b)和图 3.27(c))都明显区别于孔隙压力的等值线图(即图 3.27(a))。由图 3.27(b)和图 3.27(c)可以看出,最大径向位移 -0.02145 m 大致发生在点(1.6,1.75)附近,而最大沉降量 -0.23241 m 在点

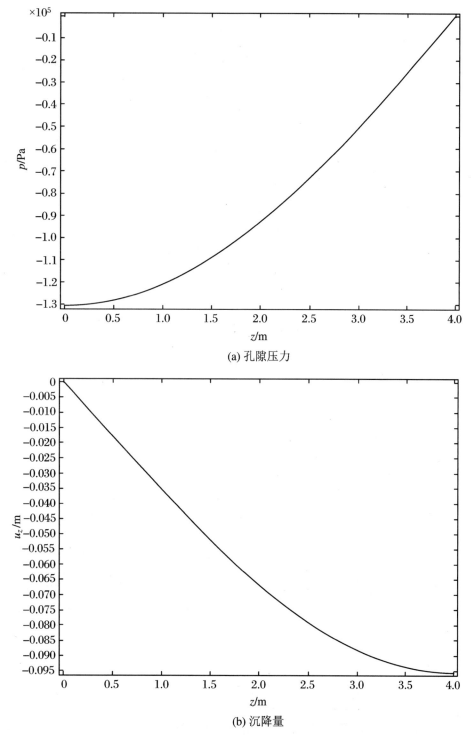

(a) 孔隙压力

(b) 沉降量

图 3.26 土层侧面孔隙压力和沉降量分布

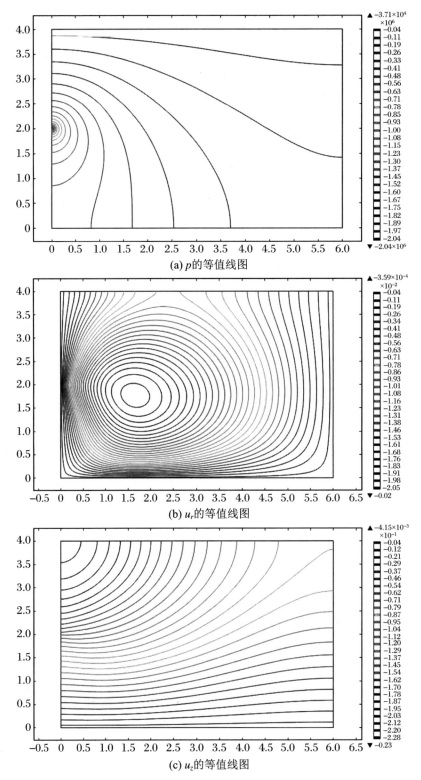

(a) p 的等值线图

(b) u_r 的等值线图

(c) u_z 的等值线图

图 3.27　孔隙压力、径向位移和沉降量的等值线图

孔隙弹性力学基础

(0.0,4.0)处产生。显然,上述两个极值点并不与点汇位置(0.0,2.0)重合。如前文讨论的,位移场的上述行为归因于孔隙压力消散效应和拖拽效应之间的相互竞争。上述效应的强弱取决于所考察点到点汇的距离和边界的透水条件。事实上,对于另外一种由表面载荷诱发的孔隙弹性问题,上述两种效应也已被观察到,并且一些文献也做了理论上的解释和分析(Biot,1941b;李培超,李贤桂,2010)。

除此之外,我们还比较了本小节中的孔隙压力等值线图 3.27(a)和 Barry et al.(1997)(见其图 3)的孔隙压力等值线图。请记着图 3.27(a)是有限层情形,而 Barry et al.(1997)的图 3 则针对无限层。很显然这两种情形下孔隙压力的等值线图是相似的,尤其是在点汇附近,这也揭示了在点汇附近区域,点汇本身对于孔隙压力场的影响占主要地位。然而,当更靠近有限层侧面时,孔隙压力等值线的趋势和形态在两种情形下是明显不同的。这归因于两种情形下所指定的侧面边界条件是不同的。本小节研究的有限层情形所指定的侧面边界条件为 $r = b$, $\frac{\partial p}{\partial r} = 0$, $\frac{\partial u_z}{\partial r} = 0$, $u_r = 0$(即方程(3.3.64a)~(3.3.64c));而 Barry et al.(1997)的相应侧面边界条件则被规定为 $r \to \infty$, $p = 0$, $u_z = 0$, $u_r = 0$。当靠近侧面边界时,孔隙压力分布愈来愈明显地受到侧面边界条件的影响,与此同时,点汇的影响则逐渐减弱并最终可以忽略不计。应该指出的是,如前文所述,本小节所指定的侧面边界条件具有实际的物理意义,然而 Barry et al.(1997)所规定的无限层侧面边界条件并不符合物理实际(因为 $u_z = 0$ 是虚拟的)。

此处需要指出的是,一些参数,例如表 3.5 中的 K_s, K_f 和 ϕ 其实在结果和讨论中并没有用到。换言之,本小节所讨论的长期(稳态)孔隙弹性行为独立于多孔介质组分(即固体骨架颗粒和流体)的压缩性。这是因为在稳态情形下控制方程中关于 K_s 和 K_f 的项都被消去了(见方程(3.3.61a))。相反地,在时间依赖/相关情形下,上述两个体积弹性模量对于孔隙弹性行为的影响则需要考虑,这是因为在时间依赖情形下,上述相关项都被包含在相关控制方程中(即方程(3.3.60a))。

4. 结语与展望

本小节利用有限 Hankel 变换方法求解三维轴对称有限层点汇诱发的真实的稳态孔隙弹性问题,首次得到了包含 Bessel 函数和双曲函数的无穷级数和形式的闭合解。实例研究揭示了孔隙压力场和位移场的空间分布及特征是由点汇和边界条件效应共同竞争所控制和决定的。

本小节提出的解析解具有重要的实用价值,由于有限孔隙弹性层的解析解非常少见,因此该解析解可以作为标准用于验证有限层相关的数值解。同时,基于该解析解可深入开展有限层孔隙弹性行为的参数分析。

注意在本小节研究中,我们考虑的是稳态情形。实际上,轴对称有限层瞬态(时间依赖)孔隙弹性力学行为同样是人们感兴趣的问题。因此,有限层瞬态孔隙弹性力学行为可作为后续工作开展研究。

3.3.5 载荷诱发平面应变孔隙弹性的一个解析解

本小节推导给出了有限矩形区域流体饱和多孔介质由表面载荷诱发的平面应变孔隙弹性的一个解析解。在该工作中,多孔介质假设为均质各向同性的,而且由可压缩组分(即骨架颗粒和孔隙流体均可压缩)构成。我们采用了适当的傅里叶变换、拉普拉斯变换及其反演来推导该解析解,得到的解析解体现为多重无穷级数和的形式。接着,以饱和软黏土固结为例开展了实例研究,并将该实例的解析解与利用 Dynaflow 软件得到的有限元数值解进行了对比。以有限元解和本小节解析解之间的一致性验证了本小节解析解的准确性和可靠性。与此同时,我们开展了流固耦合力学行为分析。结果显示出 Mandel-Cryer 效应,如前文所述,这恰是 Biot 固结理论/孔隙弹性理论的独特之处。本小节提出的解析解可以用作一个基准以验证平面固结问题的数值解。除此之外,本小节的结果还有助于人们深入认识有限二维流体饱和多孔介质内的时间依赖流固耦合力学行为。

寻求孔隙弹性问题的解析解,一直是多孔介质力学领域重要的研究课题。实际上已经有不少孔隙弹性的解析解报道,此处不再赘述。前文也已多次论及,考虑到具体问题几何尺寸的有限性,研究有限区域孔隙弹性问题的解析解就变得尤其必要和重要。

3.2.6 小节介绍了 Barry 和 Mercer(1999)首次给出的有限矩形区域内由点汇诱发孔隙弹性问题的解析解。而后,3.3.1~3.3.4 小节介绍了笔者基于 Barry 和 Mercer 的解提出的有限区域平面应变或轴对称孔隙弹性问题的几个解析解。以上几个有限区域的解析解都是点汇诱发孔隙弹性的解析解。众所周知,关于孔隙弹性/固结,除了多孔介质内部孔隙流体开采(例如点汇)外,多孔介质表面载荷也是一个重要的诱发因素。就笔者所知,有限二维区域因表面载荷诱发的孔隙弹性解析解在本小节所提出的解析解(Li et al.,2017b)之前还未见相关报道。本小节即旨在推导和获得这个解析解。

1. 问题描述和数学模型

考虑一个在表面载荷作用下的横截面为有限矩形区域的孔隙弹性介质层。其横截面物理模型如图 3.28 所示,法向载荷假定为条带状均布载荷,载荷集度为常数 q_0,且其作用宽度为 b。假定孔隙弹性介质层 y 方向尺寸无限大,则所研究的问题可认为是 xz 平面内的平面应变固结问题。这里,我们假设如下:① 多孔介质是均质各向同性的线弹性体,且其变形符合小变形假设;② 多孔介质为单相孔隙流体所饱和,且流动符合 Darcy 定律;③ 流动变形耦合过程是准静态的;④ 忽略重力;⑤ 不存在源汇项。

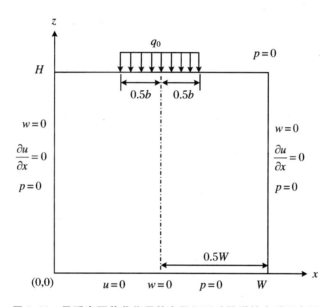

图 3.28　承受表面载荷作用的有限矩形孔隙弹性介质示意图

在上述假设下,所研究孔隙弹性问题的控制方程组如下:

$$(m+1)\frac{\partial^2 u}{\partial x^2} + \frac{\partial^2 u}{\partial z^2} + m\frac{\partial^2 w}{\partial x \partial z} - \frac{\alpha}{G}\frac{\partial p}{\partial x} = 0 \tag{3.3.96a}$$

$$(m+1)\frac{\partial^2 w}{\partial z^2} + \frac{\partial^2 w}{\partial x^2} + m\frac{\partial^2 u}{\partial x \partial z} - \frac{\alpha}{G}\frac{\partial p}{\partial z} = 0 \tag{3.3.96b}$$

$$\frac{\partial^2 p}{\partial x^2} + \frac{\partial^2 p}{\partial z^2} = \frac{\alpha}{\lambda_f}\left(\frac{\partial^2 u}{\partial x \partial t} + \frac{\partial^2 w}{\partial z \partial t}\right) + \frac{1}{\chi}\frac{\partial p}{\partial t} \tag{3.3.96c}$$

方程组(3.3.96)中的各个参数与 3.3.3 小节相同,此处省略。

假设位移场和渗流场的初始条件为

$$u(x, z, t = 0) = 0, \quad w(x, z, t = 0) = 0, \quad p(x, z, t = 0) = 0$$

$$(3.3.97)$$

与此同时,我们考虑如图 3.28 所示的边界条件。

孔隙压力场的边界条件为

$$p = 0, \quad x = 0, x = W$$
$$p = 0, \quad z = 0, z = H$$

$$(3.3.98)$$

位移场的边界条件如下:

下底面:

$$u = 0, \ w = 0, \quad z = 0 \tag{3.3.99}$$

侧面:

$$w = 0, \frac{\partial u}{\partial x} = 0, \quad x = 0, x = W \tag{3.3.100}$$

上表面:假设上表面为真实滑移边界。换言之,切应力为零,而正应力等于表面载荷集度 q_0。如此一来,我们有

$$\frac{\partial u}{\partial z} + \frac{\partial w}{\partial x} = 0, \quad z = H \tag{3.3.101a}$$

$$G\left[(m - 1)\frac{\partial u}{\partial x} + (m + 1)\frac{\partial w}{\partial z}\right]$$

$$= -q_0\left[h\left(x - \frac{W}{2} + \frac{b}{2}\right) - h\left(x - \frac{W}{2} - \frac{b}{2}\right)\right], \quad z = H \tag{3.3.101b}$$

其中,$h(x)$ 是 Heaviside 单位阶跃函数,满足

$$h(x) = \begin{cases} 1, & x \geqslant 0 \\ 0, & x < 0 \end{cases}$$

需要说明的是,上述边界条件式(3.3.98)~式(3.3.100)是人为选定和施加的,旨在合理匹配后续的 x 方向上的有限傅里叶变换以获得简单的解析解。此工作的主要目的在于寻求数学上的一个解析解,而上述边界条件中,侧面位移场边界条件 $w = 0$ 以及侧面和底面的压力场边界条件 $p = 0$,实际上是理想边界条件而非实际边界条件。作为对比,3.3.6 小节给出了真实边界条件下的载荷解析解。

读者可自行对照本小节和 3.3.6 小节的异同。

上述控制方程组和边界条件构成了一个边值问题。接下来,我们利用积分变换方法推导该边值问题的解析解。

2. 精确解推演

首先,函数 $f(t)$ 的拉普拉斯变换定义为

$$L\{f(t)\} = \bar{f}(s) = \int_0^\infty f(t)\mathrm{e}^{-st}\mathrm{d}t \qquad (3.3.102)$$

其次,既然该问题的研究区域为一有限矩形,因此其相应的傅里叶变换应当采用有限正余弦变换的形式。

最后,相关变换变量定义如下:

$$\begin{cases} \bar{u}(n,z,s) = LC_{xn}\{u(x,z,t)\} \\ \bar{w}(n,z,s) = LS_{xn}\{w(x,z,t)\} \\ \bar{p}(n,z,s) = LS_{xn}\{p(x,z,t)\} \end{cases} \qquad (3.3.103)$$

其中,$L\{\ \}$,$C_{xn}\{\ \}$ 和 $S_{xn}\{\ \}$ 分别代表拉普拉斯变换、有限余弦变换和有限正弦变换。

由定解条件式(3.3.97)~式(3.3.100),对式(3.3.96a)~式(3.3.96c)分别实施积分变换 $LC_{xn}\{\ \}$,$LS_{xn}\{\ \}$ 和 $LS_{xn}\{\ \}$,得到变换空间上的常微分方程组:

$$\frac{\mathrm{d}^2\bar{u}(n,z,s)}{\mathrm{d}z^2} - (m+1)\lambda_n^2\bar{u}(n,z,s) + m\lambda_n\frac{\mathrm{d}\bar{w}(n,z,s)}{\mathrm{d}z} - \frac{\alpha}{G}\lambda_n\bar{p}(n,z,s)$$
$$= 0 \qquad (3.3.104a)$$

$$(m+1)\frac{\mathrm{d}^2\bar{w}(n,z,s)}{\mathrm{d}z^2} - \lambda_n^2\bar{w}(n,z,s) - m\lambda_n\frac{\mathrm{d}\bar{u}(n,z,s)}{\mathrm{d}z} - \frac{\alpha}{G}\frac{\mathrm{d}\bar{p}(n,z,s)}{\mathrm{d}z}$$
$$= 0 \qquad (3.3.104b)$$

$$\frac{\mathrm{d}^2\bar{p}(n,z,s)}{\mathrm{d}z^2} - (\lambda_n^2 + s/\chi)\bar{p}(n,z,s) + \alpha\lambda_n s/\lambda_f \bar{u}(n,z,s) - \alpha s/\lambda_f\frac{\mathrm{d}\bar{w}(n,z,s)}{\mathrm{d}z}$$
$$= 0 \qquad (3.3.104c)$$

其中,$\lambda_n = n\pi/W$。

利用降阶法(伍卓群,李勇,2004)求解方程组(3.3.104),得到

$$
\begin{cases}
\bar{u}(n,z,s) = \dfrac{C_5\lambda_n}{\lambda_5^2}e^{\lambda_5 z} + \dfrac{C_6\lambda_n}{\lambda_5^2}e^{-\lambda_5 z} \\[2mm]
\qquad + C_1 e^{-\lambda_n z}\left[\dfrac{1}{\lambda_n} + \dfrac{2G\lambda_f}{G\lambda_f\lambda_n m + \alpha^2\lambda_n\chi} - z\right] \\[2mm]
\qquad + C_3 e^{\lambda_n z}\left[\dfrac{1}{\lambda_n} + \dfrac{2G\lambda_f}{G\lambda_f\lambda_n m + \alpha^2\lambda_n\chi} + z\right] \\[2mm]
\qquad + C_4 e^{\lambda_n z}\left[-\dfrac{2G\lambda_f}{G\lambda_f m + \alpha^2\chi} - \lambda_n z\right] \\[2mm]
\qquad + C_2 e^{-\lambda_n z}\left[\dfrac{2G\lambda_f}{G\lambda_f m + \alpha^2\chi} - \lambda_n z\right] \\[2mm]
\bar{w}(n,z,s) = -\dfrac{C_6}{\lambda_5}e^{-\lambda_5 z} + \dfrac{C_5}{\lambda_5}e^{\lambda_5 z} + C_1 e^{-\lambda_n z}z + C_3 e^{\lambda_n z}z \\[2mm]
\qquad + C_2 e^{-\lambda_n z}(1 + \lambda_n z) + C_4 e^{\lambda_n z}(1 - \lambda_n z) \\[2mm]
\bar{p}(n,z,s) = \dfrac{2\alpha C_1 G\chi}{G\lambda_f m + \alpha^2\chi}e^{-\lambda_n z} + \dfrac{2\alpha C_3 G\chi}{G\lambda_f m + \alpha^2\chi}e^{\lambda_n z} + \dfrac{2\alpha C_2 G\lambda_n\chi}{G\lambda_f m + \alpha^2\chi}e^{-\lambda_n z} \\[2mm]
\qquad - \dfrac{2\alpha C_4 G\lambda_n\chi}{G\lambda_f m + \alpha^2\chi}e^{\lambda_n z} + \dfrac{C_5[G\lambda_f(m+1) + \alpha^2\chi]s}{\alpha\chi\lambda_f\lambda_5^2}e^{\lambda_5 z} \\[2mm]
\qquad + \dfrac{C_6[G\lambda_f(m+1) + \alpha^2\chi]s}{\alpha\chi\lambda_f\lambda_5^2}e^{-\lambda_5 z}
\end{cases}
\tag{3.3.105}
$$

其中，$\lambda_5 = -\sqrt{\lambda_n^2 + \dfrac{s}{\chi} + \dfrac{\alpha^2 s}{G\lambda_f(1+m)}}$，$C_1, C_2, \cdots, C_6$ 是六个独立于 z 的待定系数。

方程(3.3.105)表达了所研究的问题在变换域上的解析解。显然，六个未知量 $C_1, C_2, \cdots, C_6$ 需要确定。

在边界 $z=0$ 和 $z=H$，经推导可得变换域上的边界条件的形式如下：

在 $z=0$，

$$
\bar{u}(n,z,s)\big|_{z=0} = 0
\tag{3.3.106a}
$$

$$
\bar{w}(n,z,s)\big|_{z=0} = 0
\tag{3.3.106b}
$$

$$
\bar{p}(n,z,s)\big|_{z=0} = 0
\tag{3.3.106c}
$$

在 $z=H$，

$$
p(n,z,s)\big|_{z=H} = 0
\tag{3.3.106d}
$$

$$\left[\frac{\mathrm{d}\bar{u}(n,z,s)}{\mathrm{d}z} + \lambda_n \bar{w}(n,z,s)\right]\bigg|_{z=H} = 0 \tag{3.3.106e}$$

$$G\left[(m+1)\frac{\mathrm{d}\bar{w}(n,z,s)}{\mathrm{d}z} - \lambda_n(m-1)\bar{u}(n,z,s)\right]\bigg|_{z=H}$$

$$= \frac{-2q_0 \sin\dfrac{n\pi}{2}\sin\dfrac{\lambda_n b}{2}}{\lambda_n s} \tag{3.3.106f}$$

可见,上述变换域上的边界条件构成六个约束方程,即式(3.3.106a)～式(3.3.106f)。它们可用于确定六个待定系数 $C_1, C_2, \cdots, C_6$。此处,我们用 Mathematica 9.0 求解了方程组(3.3.106a)～(3.3.106f),从而获得了 $C_1, C_2, \cdots, C_6$ 的解析形式。鉴于其形式非常冗长,此处从略,其具体形式可参考 Li et al. (2017b)的附属文件"$C_1 \sim C_6$ Coefficients.txt"。

物理空间上的解析解可通过对变换域上的解析解即式(3.3.105)实施三次积分反演得到,即

$$u(x,z,t) = \frac{1}{W}\bar{u}(0,z,t) + \frac{2}{W}\sum_{n=1}^{\infty}\bar{u}(n,z,t)\cos(\lambda_n x) \tag{3.3.107a}$$

$$w(x,z,t) = \frac{2}{W}\sum_{n=1}^{\infty}\bar{w}(n,z,t)\sin(\lambda_n x) \tag{3.3.107b}$$

$$p(x,z,t) = \frac{2}{W}\sum_{n=1}^{\infty}\bar{p}(n,z,t)\sin(\lambda_n x) \tag{3.3.107c}$$

其中, $\bar{u}(n,z,t) = L^{-1}\{\bar{u}(n,z,s)\}, \bar{w}(n,z,t) = L^{-1}\{\bar{w}(n,z,s)\}, \bar{p}(n,z,t) = L^{-1}\{\bar{p}(n,z,s)\}$。

显然,假如 $\bar{u}(n,z,t), \bar{w}(n,z,t)$ 和 $\bar{p}(n,z,t)$ 可以通过实施拉普拉斯反变换而解析获得,那么式(3.3.107a)～式(3.3.107c)就给出了物理空间上的通用解析解。然而,在大多数情况下,由于 $\bar{u}(n,z,s), \bar{w}(n,z,s)$ 和 $\bar{p}(n,z,s)$ 的复杂性,$\bar{u}(n,z,t), \bar{w}(n,z,t)$ 和 $\bar{p}(n,z,t)$ 的精确形式通常难以获得。因此,在工程应用中,数值拉普拉斯反演通常是一种用于获得近似 $\bar{u}(n,z,t), \bar{w}(n,z,t)$ 和 $\bar{p}(n,z,t)$ 的替代方法。

Talbot(1979)提出了一种高效、准确的拉普拉斯数值反演方法。假设函数 $F(t)$ 的拉普拉斯变换为 $f(s)$,Abate 和 Whitt(2006)给出了基于 Talbot 方法的近似计算 $F(t,M)$ 的一个健全的反演公式,即

$$F(t,M) \approx \frac{2}{5t}\sum_{k=0}^{M-1}\mathrm{Re}\{\gamma_k f(\delta_k/t)\} \tag{3.3.108}$$

其中，M 是表示级数项数的正整数（例如 $M = 10$ 或 12），$\text{Re}\{\ \}$表达的是取$\{\ \}$内复数的实部，且满足

$$\delta_0 = \frac{2M}{5}, \quad \delta_k = \frac{2k\pi}{5}\big[\cot(k\pi/M) + \mathrm{i}\big], \quad 0 < k < M,$$

$$\gamma_0 = \frac{\exp(\delta_0)}{2},$$

$$\gamma_k = \{1 + \mathrm{i}(k\pi/M)[1 + \cot^2(k\pi/M)] - \mathrm{i}\cot(k\pi/M)\}\exp(\delta_k), \quad 0 < k < M$$

因此，我们有

$$\begin{cases} \bar{u}(n,z,t) \approx \dfrac{2}{5t}\displaystyle\sum_{k=0}^{M-1}\text{Re}\{\gamma_k\bar{u}(n,z,\delta_k/t)\} \\[3mm] \bar{w}(n,z,t) \approx \dfrac{2}{5t}\displaystyle\sum_{k=0}^{M-1}\text{Re}\{\gamma_k\bar{w}(n,z,\delta_k/t)\} \\[3mm] \bar{p}(n,z,t) \approx \dfrac{2}{5t}\displaystyle\sum_{k=0}^{M-1}\text{Re}\{\gamma_k\bar{p}(n,z,\delta_k/t)\} \end{cases} \tag{3.3.109}$$

将方程(3.3.109)代入方程(3.3.107a)～(3.3.107c)，可得到所研究问题的解析解的数值近似如下：

$$u(x,z,t) = \frac{2}{5Wt}\sum_{k=0}^{M-1}\text{Re}\{\gamma_k\bar{u}(0,z,\delta_k/t)\}$$

$$+ \frac{4}{5Wt}\sum_{n=1}^{\infty}\sum_{k=0}^{M-1}\text{Re}\{\gamma_k\bar{u}(n,z,\delta_k/t)\}\cos(\lambda_n x) \tag{3.3.110a}$$

$$w(x,z,t) = \frac{4}{5Wt}\sum_{n=1}^{\infty}\sum_{k=0}^{M-1}\text{Re}\{\gamma_k\bar{w}(n,z,\delta_k/t)\}\sin(\lambda_n x) \tag{3.3.110b}$$

$$p(x,z,t) = \frac{4}{5Wt}\sum_{n=1}^{\infty}\sum_{k=0}^{M-1}\text{Re}\{\gamma_k\bar{p}(n,z,\delta_k/t)\}\sin(\lambda_n x) \tag{3.3.110c}$$

如此一来，就得到了所研究问题在物理空间上的数值解析解。下面，我们开展一个实例研究以验证本小节所提出的解析解的正确性和有效性，并考察其流固耦合力学行为。

3. 实例研究和分析

考虑一个实际的饱和软黏土层承受表面法向载荷作用（李培超等，2010）。假设该含水层 y 方向尺寸远远大于其他方向。如此一来，其 y 方向相关应变远远小

于 xz 横截面方向的应变。在这种情形下，所研究的问题可视为 xz 横截面内的平面应变孔隙弹性问题，如图 3.28 所示。与此同时，图 3.28 中也给出了孔隙压力场和位移场边界条件，且饱和软土层的流固耦合属性及几何尺寸列于表 3.6。

表 3.6　饱和软黏土层流固耦合属性和几何特征

参　　数	取　　值
G/MPa	1.579 78
$\lambda_{\mathrm{f}}/(\mathrm{m}^2/\mathrm{s} \cdot \mathrm{MPa}^{-1})$	$7.870\,3 \times 10^{-8}$
$\chi/(\mathrm{m}^2/\mathrm{s})$	$2.015\,13 \times 10^{-7}$
α	0.945 77
m	2.0
W/m	11.0
H/m	10.0
b/m	1.0
q_0/MPa	-0.065

经过换算，不难发现表 3.6 中列出的流固耦合属性参数（即 G，λ_{f}，χ，α 和 m）与 3.3.4 小节表 3.5 给出的孔隙弹性参数（即 E，ν，K_{s}，K_{f}，ϕ，k，M 和 μ）实际上是完全一致的。这是因为两者的参数均取自李培超等（2010）考察的饱和软黏土层，而该饱和软黏土层来自芜湖长江大桥无为岸接线公路软土地基试验路段。

对于上述实例，其解析解已由式（3.3.110a）～式（3.3.110c）表达。根据表 3.6 所给定的参数，我们利用 Mathematica 9.0 对该解析解进行了定量化。

对土体固结而言，表面沉降和变形行为通常是人们最关心的一个问题。因此，此处考察了上表面位移的时空分布特征。

在图 3.29 中，我们绘制了上表面中心点（$x_{\mathrm{D}} = 0.5$，$z_{\mathrm{D}} = 1.0$）的无量纲竖向位移（沉降）w_{D} 与无量纲时间 t_{D} 的关系曲线。同时，图 3.30（彩图见 197 页）阐释了上表面位移长期行为与无量纲水平坐标 x_{D} 的关系。此处，相关无量纲量定义如下：

$$x_{\mathrm{D}} = \frac{x}{W}, \quad z_{\mathrm{D}} = \frac{z}{H}, \quad u_{\mathrm{D}} = \frac{u}{W}, \quad w_{\mathrm{D}} = \frac{w}{H}$$

$$(3.3.111)$$

$$p_{\mathrm{D}} = \frac{p}{(m+1)G}, \quad t_{\mathrm{D}} = \frac{C_{\mathrm{f}}}{W^2}t$$

其中，$C_{\mathrm{f}} = \dfrac{\lambda_{\mathrm{f}}(m+1)G}{\alpha^2 + \lambda_{\mathrm{f}}(m+1)G/\chi}$ 是固结系数。

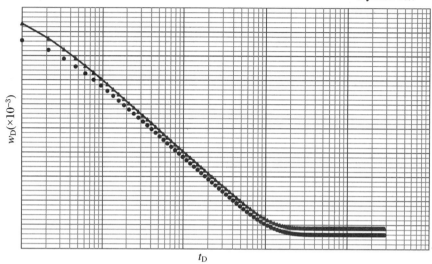

图 3.29 $w_{\mathrm{D}}(0.5,1.0)$ 与 t_{D} 的关系

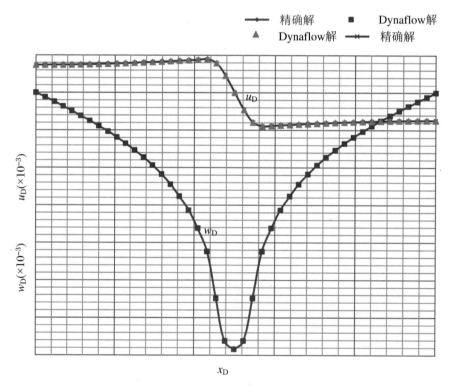

图 3.30   上表面的稳态沉降和水平位移

孔隙弹性力学基础

除上述解析解外,所考察问题的有限元数值解则利用 Dynaflow 软件获得(由普林斯顿大学 Jean Prévost 教授开发的非线性瞬态有限元分析软件)(Prévost,1981)。有限元数值解和上述解析解的对比也绘制于图 3.29 和图 3.30。不难看出,数值结果和解析解吻合得很好。如图 3.29 所示,$w_D(0.5,1.0)$ 展现出随时间指数衰减的趋势,而且当 t_D 变得充分大(大致 $t_D > 0.8$)时,其值趋于稳态值。这是由于在固结过程中发生的典型(孔隙压力)消散效应所致。另外,由于表面载荷和边界条件的对称性,w_D 同 u_D 与 x_D 的关系曲线应关于直线 $x_D = 0.5$ 对称,这一特点也精准表现在图 3.30 中。而且也可看出,u_D 和 w_D 是相互关联且相互作用的,这是由边界条件(式(3.3.101a)和式(3.3.101b))和控制方程组(式(3.3.96a)~式(3.3.96c))决定的。

作为对比,孔隙压力场的演化行为同样也是人们非常感兴趣的问题。

为分析简单起见,此处仅以研究区域中心点($x_D = 0.5, z_D = 0.5$)为例进行说明。图 3.31(彩图见 197 页)表达了无量纲孔隙压力和无量纲时间之间的关系。观察图 3.31 所示孔隙压力随时间的变化趋势,我们可以清楚地看出孔隙压力与时间之间的非单调函数关系。这个非单调压力响应的现象称作 Mandel-Cryer 效应(详见 3.2.2 小节)。这种物理现象是耦合 Biot 固结理论的独有特征,而传统的 Terzaghi 非耦合固结理论(Terzaghi,1943)无法预测这一特征。该现象已被大量室内观测、现场试验和数值模拟证实。

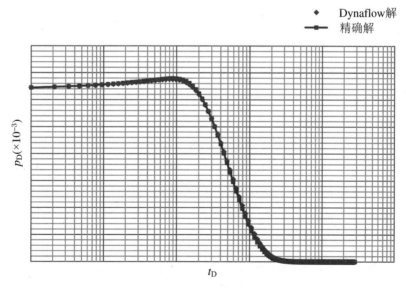

图 3.31　$p_D(0.5,0.5)$ 与 t_D 的关系

与此同时,应当指出的是,对孔隙弹性理论而言,孔隙压力场和位移场实际上

是同步相互作用的。换言之，孔隙压力和位移是耦合而且是彼此制约的，正如控制方程组(3.3.96a)~(3.3.96c)所示。因此，除了孔隙压力的演化(图3.31)外，中心点($x_D = 0.5, z_D = 0.5$)的竖向位移 w_D 与无量纲时间的关系也绘制在图3.32(彩图见198页)中(考虑到对称性，$u_D(0.5,0.5)$ 应为零)。注意到 p_D 和 w_D 的变化实际上是同步的。由图3.32可以看出，w_D(不同于 p_D)是时间的单调函数，而且体现为累计效应，即 w_D 随时间发展而持续增大。

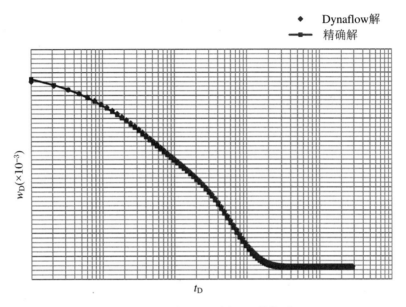

图 3.32　$w_D(0.5,0.5)$ 与 t_D 的关系

现在，我们转向讨论解析解的数值计算问题。

如前文所述，物理空间上解析解的数值近似可以利用 Talbot 反演方法得到。其表达式为式(3.3.110a)~式(3.3.110c)，体现为双重级数求和的形式，并且利用现代计算能力和技术容易实现。需要说明的是，在前述计算中，我们取 $M = 10$ 和 $N = 40$。结果发现，当 $M = 10$ 时，本小节解析解和其数值近似解之间的差值小于 0.000 001。也就是说，当 $M = 10$ 时，本小节解析解精确度为 6 位有效数字，这实际上与理论预测结果一致(Abate，Whitt，2006)。Abate 和 Whitt 指出 Talbot 近似方法通常可精确到近似 $0.6M$ 位有效数字。因此，选择 $M = 10$ 是一个较好的近似，可以给出足够精确的结果。Verruijt(2016)也利用 Talbot 近似方法开展了一些拉普拉斯数值反演的算例研究，揭示了 Talbot 近似方法的准确性和可靠性。

与此同时，外部无穷级数求和项数 N 取作 40($n = 1, \cdots, N$)。不难发现，级数和收敛很快，而且当 $N > 40$ 时，数值近似解小数点后 6 位数字几乎不会有差别。

孔隙弹性力学基础

4. 结语

本小节首先推导给出了可压缩有限矩形孔隙弹性介质由表面载荷诱发的平面应变固结的一个封闭形式解;接着,以一个表面受载的饱和软黏土层为例,给出了其解析解,并与由 Dynaflow 软件获得的有限元解进行了对比。解析解和数值解之间的一致性验证了本小节所给出的解析解的正确性和有效性。另外,对所研究例子的孔隙弹性力学行为进行了分析和讨论。其中,可以观察到 Mandel-Cryer 效应。

本小节所给出的精确解的简单形式使其可以非常理想地用于校核二维孔隙弹性问题的数值解。需要说明的是,本小节所给出的解析解是建立在介质各向同性假设之上的,所以不适用于各向异性多孔材料。因此,未来工作可将当前解析解推广至各向异性(例如横观各向同性)的多孔介质情形。

3.3.6　实际边界条件下载荷诱发平面应变孔隙弹性的解析解

本小节给出了承受表面法向载荷作用的有限矩形区域多孔介质在实际边界条件下孔隙流体压力和固体骨架位移的半解析解。与 3.3.5 小节类似,本小节利用有限傅里叶变换和拉普拉斯变换及其反演推导半解析解。所得到的半解析解体现为双重无穷级数求和的形式。

需要强调的是,本小节所研究的固结问题指定的边界条件是物理的。因此,此处提出的半解析解是真实平面应变固结/孔隙弹性问题的解,可广泛应用于各个领域的平面应变孔隙弹性问题。本小节还对饱水软黏土层在表面法向均布荷载(条形载荷)作用下的平面应变固结进行了算例分析,并利用 COMSOL Multiphysics 5.2 对半解析解与有限元解进行了验证。有限元解与半解析解的定量一致性表明了半解析解的有效性和可靠性。同时,利用得到的半解析解对流动-变形耦合行为进行了简要分析。它清楚地表明 Mandel-Cryer 效应的发生。所提出的半解析解对于深入理解有限二维流体饱和多孔材料的时变流固耦合渗流力学行为具有重要意义。此外,它还可以作为校准平面应变固结数值解的基准。

获得孔隙弹性的精确解一直是多孔介质力学研究者的主要兴趣之一。在工程实践中,具体物理问题(如深基坑降水)的水平或径向尺寸通常是有限的。因此,分析研究有限域内的孔隙弹性问题具有重要意义。

事实上,在推导有限区域孔隙弹性问题的解析解方面,目前已有不少成果。Li et al.(2017b)较充分地回顾了这一方面的最新进展。Li et al.(2017b)首次给出了有限矩形区域内由表面载荷诱发的平面应变孔隙弹性的一个解析解。但正如在 3.3.5 小节中所指出的, Li et al.(2017b)旨在寻求数学上的一个解析解, 其侧面位移场边界条件 $w = 0$ 以及侧面和底面的压力场边界条件 $p = 0$ 实际上并非真实的边界条件。换言之, 3.3.5 小节讨论的解析解是一个理想的解析解, 它适用于上述特定的边界条件。作为对比, 本小节在其基础上, 尝试给出真实边界条件下的载荷解析解(Li, Wang, 2020)。值得指出的是, 正是由于本书第一作者在普林斯顿大学访问期间得到 Jean Prévost 教授的鼓励和指导, 本小节内容才得以顺利完成。

鉴于本小节在内容上与 3.3.5 小节有颇多相似之处, 为避免重复和冗长, 本小节采用与 3.3.5 小节对比的写作方式, 尽量略去相同或相似的地方, 重点突出和强调两者的不同之处。

1. 数学模型

考虑有限矩形区域($W \times H$)内由表面载荷诱发的平面应变孔隙弹性问题, 物理模型见图 3.33(注意此图与图 3.28 有所不同, 详见后文)。假设上表面法向载荷集度为常数 q_0, 其作用宽度为 b。此处采用与 3.3.5 小节完全相同的假设。

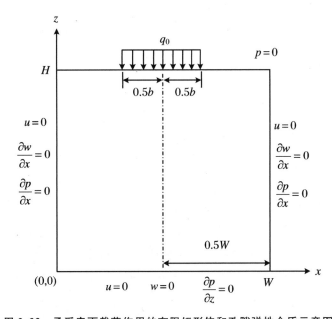

图 3.33　承受表面载荷作用的有限矩形饱和孔隙弹性介质示意图

（1）控制方程组

考虑到本小节采取与 3.3.5 小节相同的假设, 所研究的问题均为 xz 平面内的平面应变固结问题。因此问题的控制方程组理应与 3.3.5 小节相同, 即都遵从广义 Biot 固结理论, 可以省略。但考虑到本小节的独立性和完整性, 此处仍写出如下:

$$(m+1)\frac{\partial^2 u}{\partial x^2} + \frac{\partial^2 u}{\partial z^2} + m\frac{\partial^2 w}{\partial x \partial z} - \frac{\alpha}{G}\frac{\partial p}{\partial x} = 0 \qquad (3.3.112a)$$

$$(m+1)\frac{\partial^2 w}{\partial z^2} + \frac{\partial^2 w}{\partial x^2} + m\frac{\partial^2 u}{\partial x \partial z} - \frac{\alpha}{G}\frac{\partial p}{\partial z} = 0 \qquad (3.3.112b)$$

$$\frac{\partial^2 p}{\partial x^2} + \frac{\partial^2 p}{\partial z^2} = \frac{\alpha}{\lambda_f}\left(\frac{\partial^2 u}{\partial x \partial t} + \frac{\partial^2 w}{\partial z \partial t}\right) + \frac{1}{\chi}\frac{\partial p}{\partial t} \qquad (3.3.112c)$$

其中,各个物理量和参数的定义与3.3.5小节相应方程的相同,此处从略。

(2) 初始条件

假设位移场和渗流场的初始条件为

$$u(x,z,t=0)=0, \quad w(x,z,t=0)=0, \quad p(x,z,t=0)=0$$
$$(3.3.113)$$

(3) 边界条件

与3.3.5小节相似,本小节所考虑的边界条件也标示在图3.33中。

对于所研究的问题,我们不妨假设研究区域上表面边界透水,而其他三个边界不透水。实际上这对于大多数工程实例都是适用的。具体而言,即:

侧面(左、右)边界和下底面边界不透水:

$$\left.\frac{\partial p(x,z,t)}{\partial x}\right|_{x=0} = 0 \qquad (3.3.114)$$

$$\left.\frac{\partial p(x,z,t)}{\partial x}\right|_{x=W} = 0 \qquad (3.3.115)$$

$$\left.\frac{\partial p(x,z,t)}{\partial z}\right|_{z=0} = 0 \qquad (3.3.116)$$

上表面透水:

$$\left.p(x,z,t)\right|_{z=H} = 0 \qquad (3.3.117)$$

值得强调的是,就孔隙压力场边界而言,3.3.5小节中所给出的边界条件为 $p=0(x=0,x=W)$,$z=0$,$z=H$。也就是说,在上一小节中我们假设四个边界均为透水边界。我们当时也已指出,四个边界全部透水的孔隙压力场边界条件是一种理想的、虚拟的边界条件,可能并不对应于生产实践中的案例。

下面,我们再给出位移场的边界条件。和处理孔隙压力场一样,我们尝试从物理角度给出尽可能合理的位移场边界条件。对于图3.33所示的孔隙弹性问题,我们假设物理模型下底面与粗糙的刚性基础/基底连接,则下底面位移为零,即满足:

$$u(x,z,t)\big|_{z=0} = 0, \quad w(x,z,t)\big|_{z=0} = 0 \tag{3.3.118}$$

在左侧面，指定如下位移场边界条件：

$$u(x,z,t)\big|_{x=0} = 0, \quad \frac{\partial w(x,z,t)}{\partial x}\bigg|_{x=0} = 0 \tag{3.3.119}$$

同理，考虑到左右对称性，我们指定右侧面和左侧面具有相同的位移场边界条件，即

$$u(x,z,t)\big|_{x=W} = 0, \quad \frac{\partial w(x,z,t)}{\partial x}\bigg|_{x=W} = 0 \tag{3.3.120}$$

下面分析上述左侧面和右侧面的位移场边界条件的合理性。显而易见的是，$u(x,z,t)\big|_{x=0}=0$ 和 $u(x,z,t)\big|_{x=W}=0$ 是客观存在的物理边界条件。这是因为对于一个具有足够宽度 W 的实际物理问题（例如一个典型饱和含水层），其侧面边界的水平位移 u 的确应趋向于零，所以这两个边界条件是真实的边界条件。另外，我们再来分析侧面边界条件式（3.3.119）和式（3.3.120）的第二个式子，即 $\frac{\partial w(x,z,t)}{\partial x}\big|_{x=0}=0$ 和 $\frac{\partial w(x,z,t)}{\partial x}\big|_{x=W}=0$。实际上，这两个竖向位移 w 的导数为零的边界条件是所研究的物理问题的自然边界条件，它们是缺省成立的。关于这一点，在前文中已有详细的论述，此处不再赘述。

以上分析给出了物理模型下底面和侧面的位移场边界条件，现在我们来考察上表面的位移边界条件。假设上表面为真实滑移边界，即其切应力为零，而正应力等于表面载荷集度 q_0：

$$\left(\frac{\partial u}{\partial z} + \frac{\partial w}{\partial x}\right)\bigg|_{z=H} = 0 \tag{3.3.121a}$$

$$G\left[(m-1)\frac{\partial u}{\partial x} + (m+1)\frac{\partial w}{\partial z}\right]\bigg|_{z=H} = -q_0\left[h\left(x - \frac{W}{2} + \frac{b}{2}\right) - h\left(x - \frac{W}{2} - \frac{b}{2}\right)\right] \tag{3.3.121b}$$

不难发现，本小节所给定的上表面位移边界条件式（3.3.121）实际上与 3.3.5 小节给出的上表面位移边界条件式（3.3.101a）～式（3.3.101b）完全相同。

对于本小节和上一小节所研究的物理问题，其几何模型相同，控制方程组相同，但两者边界条件不同。这里，我们再次强调说明两者在边界条件方面的差别。前文已提及，在上一小节（Li et al.，2017b）中，侧面和底面的压力场边界条件指定为 $p=0$，即透水边界，而侧面指定为 $w=0$。我们曾指出上述边界条件都是理想的非物理边界条件。相反，在本小节中，侧面和底面的压力场边界条件指定为 $\nabla p =$

0,而侧面指定为 $u = 0$。换言之，本小节给定的边界条件是物理真实的，它们适用于绝大多数实际情况。

考虑到本小节所考察的有限区域平面应变问题在自然界中经常出现，因此结合所给定的真实边界条件，本小节所研究的问题实际上构成了工程实践中真实的平面应变孔隙弹性问题。控制方程组（3.3.112）和初始条件、边界条件式（3.3.113）～式（3.3.121）一起构成了所研究问题的数学模型。显然，该数学模型是一个数学物理上完备的初边值问题。下面，我们尝试利用积分变换法解析推导该定解问题的半解析解。

2. 半解析解的推导

（1）积分变换和变换域的精确解

既然所研究区域为一有限矩形，那么我们应该对所研究的问题实施有限正余弦变换。为便于读者理解和掌握相关积分变换方法，我们再次写出有限余弦变换和有限正弦变换的具体定义和相关公式如下：

$$
\begin{cases}
C_{xn}\{f(x)\} = \int_0^T f(x)\cos(\lambda_n x)\mathrm{d}x = \bar{f}_0(n) \\[2mm]
f(x) = \dfrac{1}{T}\bar{f}_0(0) + \dfrac{2}{T}\sum_{n=1}^{\infty}\bar{f}_0(n)\cos(\lambda_n x) \\[2mm]
S_{xn}\{f(x)\} = \int_0^T f(x)\sin(\lambda_n x)\mathrm{d}x = \bar{f}_1(n) \\[2mm]
f(x) = \dfrac{2}{T}\sum_{n=1}^{\infty}\bar{f}_1(n)\sin(\lambda_n x) \\[2mm]
C_{xn}\{f''(x)\} = -\lambda_n^2\bar{f}_0(n) - f'(0) + (-1)^n f'(T) \\[2mm]
C_{xn}\{f'(x)\} = \lambda_n\bar{f}_1(n) - f(0) + (-1)^n f(T) \\[2mm]
S_{xn}\{f''(x)\} = -\lambda_n^2\bar{f}_1(n) + \lambda_n f(0) - (-1)^n\lambda_n f(T) \\[2mm]
S_{xn}\{f'(x)\} = -\lambda_n\bar{f}_0(n)
\end{cases}
\tag{3.3.122}
$$

其中，$\lambda_n = n\pi/T(n = 0,1,2,\cdots)$，$C_{xn}\{\ \}$ 和 $S_{xn}\{\ \}$ 分别代表有限余弦变换和有限正弦变换。

我们定义相关积分变换变量如下：

$$\bar{\bar{u}}(n,z,s) = LS_{xn}\{u(x,z,t)\} \tag{3.3.123a}$$

$$\bar{\bar{w}}(n,z,s) = LC_{xn}\{w(x,z,t)\} \tag{3.3.123b}$$

$$\bar{\bar{p}}(n,z,s) = LC_{xn}\{p(x,z,t)\} \tag{3.3.123c}$$

其中，$L\{\ \}$ 代表拉普拉斯变换，满足 $L\{f(t)\} = \bar{f}(s) = \int_0^\infty f(t)\mathrm{e}^{-st}\mathrm{d}t$。

此处，我们对本小节和上一小节的积分变换变量进行对比。在上一小节中相关积分变换变量定义为

$$\bar{u}(n,z,s) = LC_{xn}\{u(x,z,t)\}$$

$$\bar{w}(n,z,s) = LS_{xn}\{w(x,z,t)\}$$

$$\bar{p}(n,z,s) = LS_{xn}\{p(x,z,t)\}$$

不难发现两者有明显差别。实际上，在利用积分变换求偏微分方程（组）的解析解时，所采取的积分变换形式除与方程的类型有关外，还应与相应边界条件密切相关。具体到当前所研究的问题，尽管上一小节和本小节所研究的问题在物理空间上的控制方程组完全相同，但两者的边界条件不同，因此其适用的积分变换公式亦可能有差别。换言之，积分变换的具体形式要与控制方程类型及边界条件类型高度匹配方可顺利实施解析变换。

对方程(3.3.112a)～(3.3.112c)分别实施积分变换 LS_{xn}，LC_{xn}，LC_{xn}，并利用初始条件和侧面边界条件，可得到变换空间的常微分方程组为

$$\frac{\mathrm{d}^2\bar{\bar{u}}(n,z,s)}{\mathrm{d}z^2} - (m+1)\lambda_n^2 \cdot \bar{\bar{u}}(n,z,s) + \frac{\alpha}{G}\lambda_n \cdot \bar{\bar{p}}(n,z,s)$$

$$- m\lambda_n \cdot \frac{\mathrm{d}\bar{\bar{w}}(n,z,s)}{\mathrm{d}z} = 0 \tag{3.3.124a}$$

$$\frac{\mathrm{d}^2\bar{\bar{w}}(n,z,s)}{\mathrm{d}z^2} - \frac{\lambda_n^2}{m+1} \cdot \bar{\bar{w}}(n,z,s) - \frac{\alpha}{G(m+1)} \cdot \frac{\mathrm{d}\bar{\bar{p}}(n,z,s)}{\mathrm{d}z}$$

$$+ \frac{m\lambda_n}{m+1} \cdot \frac{\mathrm{d}\bar{\bar{u}}(n,z,s)}{\mathrm{d}z} = 0 \tag{3.3.124b}$$

$$\frac{\mathrm{d}^2\bar{\bar{p}}(n,z,s)}{\mathrm{d}z^2} - \left(\lambda_n^2 + \frac{s}{\chi}\right) \cdot \bar{\bar{p}}(n,z,s) - \frac{\alpha\lambda_n s}{\lambda_\mathrm{f}} \cdot \bar{\bar{u}}(n,z,s)$$

$$- \frac{\alpha s}{\lambda_\mathrm{f}} \cdot \frac{\mathrm{d}\bar{\bar{w}}(n,z,s)}{\mathrm{d}z} = 0 \tag{3.3.124c}$$

不难发现，实际上方程组(3.3.124)与3.3.5小节相应变换域上的常微分方程组(3.3.104)在形式上并不相同。这也直接导致了后文两者通解的差别。

这里，我们引入 $Y = \{\bar{\bar{p}}, \bar{\bar{p}}', \bar{\bar{u}}, \bar{\bar{u}}', \bar{\bar{w}}, \bar{\bar{w}}'\}^\mathrm{T}$，则方程组(3.3.124)改写为矩阵形式如下：

$$Y' = AY \tag{3.3.125}$$

其中,系数矩阵

$$A = \begin{pmatrix} 0 & 1 & 0 & 0 & 0 & 0 \\ \lambda_n^2 + \dfrac{s}{\chi} & 0 & \dfrac{\alpha\lambda_n s}{\lambda_f} & 0 & 0 & \dfrac{\alpha s}{\lambda_f} \\ 0 & 0 & 0 & 1 & 0 & 0 \\ -\dfrac{\alpha\lambda_n}{G} & 0 & (m+1)\lambda_n^2 & 0 & 0 & m\lambda_n \\ 0 & 0 & 0 & 0 & 0 & 1 \\ 0 & \dfrac{\alpha}{G(m+1)} & 0 & -\dfrac{m\lambda_n}{m+1} & \dfrac{\lambda_n^2}{m+1} & 0 \end{pmatrix}$$

最终,我们求得方程组(3.3.124)的精确解(即变换域上的解析解)为

$$
\begin{cases}
\bar{\bar{p}}(n,z,s) = \dfrac{2\alpha C_1 G\chi}{G\lambda_f m + \alpha^2\chi} e^{-\lambda_n z} + \dfrac{2\alpha C_3 G\chi}{G\lambda_f m + \alpha^2\chi} e^{\lambda_n z} + \dfrac{2\alpha C_2 G\lambda_n\chi}{G\lambda_f m + \alpha^2\chi} e^{-\lambda_n z} \\
\qquad - \dfrac{2\alpha C_4 G\lambda_n\chi}{G\lambda_f m + \alpha^2\chi} e^{\lambda_n z} + \dfrac{C_5[G\lambda_f(m+1) + \alpha^2\chi]s}{\alpha\chi\lambda_f\lambda_5^2} e^{\lambda_5 z} \\
\qquad + \dfrac{C_6[G\lambda_f(m+1) + \alpha^2\chi]s}{\alpha\chi\lambda_f\lambda_5^2} e^{-\lambda_5 z} \\[4pt]
\bar{\bar{u}}(n,z,s) = -\dfrac{C_6\lambda_n}{\lambda_5^2} e^{-\lambda_5 z} - \dfrac{C_5\lambda_n}{\lambda_5^2} e^{\lambda_5 z} \\
\qquad - C_1 e^{-\lambda_n z}\left[\dfrac{1}{\lambda_n} + \dfrac{2G\lambda_f}{G\lambda_f\lambda_n m + \alpha^2\lambda_n\chi} - z\right] \\
\qquad - C_3 e^{\lambda_n z}\left[\dfrac{1}{\lambda_n} + \dfrac{2G\lambda_f}{G\lambda_f\lambda_n m + \alpha^2\lambda_n\chi} + z\right] \\
\qquad + C_4 e^{\lambda_n z}\left[\dfrac{2G\lambda_f}{G\lambda_f m + \alpha^2\chi} + \lambda_n z\right] \\
\qquad - C_2 e^{-\lambda_n z}\left[\dfrac{2G\lambda_f}{G\lambda_f m + \alpha^2\chi} - \lambda_n z\right] \\[4pt]
\bar{\bar{w}}(n,z,s) = -\dfrac{C_6}{\lambda_5} e^{-\lambda_5 z} + \dfrac{C_5}{\lambda_5} e^{\lambda_5 z} + C_1 e^{-\lambda_n z} z + C_3 e^{\lambda_n z} z \\
\qquad + C_2 e^{-\lambda_n z}(1 + \lambda_n z) + C_4 e^{\lambda_n z}(1 - \lambda_n z)
\end{cases}
\tag{3.3.126}
$$

其中,$\lambda_f = K/\mu_f$,$\lambda_n = n\pi/W$,$\chi = \lambda_f/(\phi C_t)$,$\phi C_t = \phi/K_f + (\alpha - \phi)/K_s$,$\lambda_5 = -\sqrt{\lambda_n^2 + \dfrac{s}{\chi} + \dfrac{\alpha^2 s}{G\lambda_f(1+m)}}$,$C_1, C_2, \cdots, C_6$ 是六个独立于 z 的待定系数。

同理,我们注意到上述通解式(3.3.126)与3.3.5小节问题在变换域上的通解式(3.3.105)存在明显差异。

相应地,对上、下表面边界条件实施相应积分变换,可得到其变换域上的边界条件如下:

在下底面($z = 0$):

$$\bar{\bar{u}}(n,z,s)\big|_{z=0} = 0 \tag{3.3.127a}$$

$$\bar{\bar{w}}(n,z,s)\big|_{z=0} = 0 \tag{3.3.127b}$$

$$\frac{\mathrm{d}\bar{\bar{p}}(n,z,s)}{\mathrm{d}z}\bigg|_{z=0} = 0 \tag{3.3.127c}$$

在上表面($z = H$):

$$\bar{\bar{p}}(n,z,s)\big|_{z=H} = 0 \tag{3.3.127d}$$

$$\left[\frac{\mathrm{d}\bar{\bar{u}}(n,z,s)}{\mathrm{d}z} - \lambda_n\bar{\bar{w}}(n,z,s)\right]\bigg|_{z=H} = 0 \tag{3.3.127e}$$

$$G\left[(m-1)\lambda_n\bar{\bar{u}}(n,z,s) + (m+1)\frac{\mathrm{d}\bar{\bar{w}}(n,z,s)}{\mathrm{d}z}\right]\bigg|_{z=H} = \frac{-2q_0\cos\dfrac{n\pi}{2}\sin\dfrac{\lambda_n b}{2}}{\lambda_n s} \tag{3.3.127f}$$

通解式(3.3.126)中的待定系数 $C_1, C_2, \cdots, C_6$ 可由约束方程(3.3.127)来确定。约束方程共有六个,而待定系数亦有六个,因此 $C_1, C_2, \cdots, C_6$ 具有唯一解。鉴于这些待定系数的表达式过长,此处略去。感兴趣的读者可参考 Li 和 Wang (2020)的附属文件"$C_1 \sim C_6$ Coefficients.txt"。

(2) 积分反变换和物理空间上的半解析解

回顾 $\bar{\bar{u}}(n,z,s) = LS_{xn}\{u(x,z,t)\}$,$\bar{\bar{w}}(n,z,s) = LC_{xn}\{w(x,z,t)\}$,$\bar{\bar{p}}(n,z,s) = LC_{xn}\{p(x,z,t)\}$,三次积分反变换应采取如下公式:

$$
\begin{aligned}
u(x,z,t) &= \frac{2}{T}\sum_{n=1}^{\infty}\bar{u}(n,z,t)\sin(\lambda_n x)\\
&= \frac{2}{W}\sum_{n=1}^{\infty}\bar{u}(n,z,t)\sin(\lambda_n x)
\end{aligned} \tag{3.3.128a}
$$

$$
\begin{aligned}
w(x,z,t) &= \frac{1}{T}\bar{w}(0,z,t) + \frac{2}{T}\sum_{n=1}^{\infty}\bar{w}(n,z,t)\cos(\lambda_n x)\\
&= \frac{1}{W}\bar{w}(0,z,t) + \frac{2}{W}\sum_{n=1}^{\infty}\bar{w}(n,z,t)\cos(\lambda_n x)
\end{aligned} \tag{3.3.128b}
$$

$$p(x,z,t) = \frac{1}{T}\bar{p}(0,z,t) + \frac{2}{T}\sum_{n=1}^{\infty}\bar{p}(n,z,t)\cos(\lambda_n x)$$

$$= \frac{1}{W}\bar{p}(0,z,t) + \frac{2}{W}\sum_{n=1}^{\infty}\bar{p}(n,z,t)\cos(\lambda_n x) \quad (3.3.128c)$$

其中

$$\begin{cases} \bar{u}(n,z,t) = L^{-1}\{\bar{\bar{u}}(n,z,s)\} \\ \bar{w}(n,z,t) = L^{-1}\{\bar{\bar{w}}(n,z,s)\} \\ \bar{p}(n,z,t) = L^{-1}\{\bar{\bar{p}}(n,z,s)\} \end{cases} \quad (3.3.129)$$

式(3.3.128)给出了所研究的问题在物理空间上的解析解。如前文所讨论的,本小节所研究的问题是一个现实中经常出现的物理问题。因此本小节所提出的解析解具有广泛的应用价值,适用于不同科学和工程领域出现的平面应变孔隙弹性问题。

然而,考虑到 $\bar{\bar{u}}(n,z,s)$,$\bar{\bar{w}}(n,z,s)$ 和 $\bar{\bar{p}}(n,z,s)$ 的复杂性,实际上 $\bar{u}(n,z,t)$,$\bar{w}(n,z,t)$ 和 $\bar{p}(n,z,t)$ 的精确形式(即通过拉普拉斯反演公式(3.3.129)求解)通常难以获得,因此,式(3.3.128)的解析解就无法显式表达。在工程实践中,数值拉普拉斯反演是一种用于获得近似 $\bar{u}(n,z,t)$,$\bar{w}(n,z,t)$ 和 $\bar{p}(n,z,t)$ 的常用方法。文献已报道有不少数值拉普拉斯反演方法,例如 Stehfest(1970),Crump(1976)和 Talbot(1979)。数值反演方法的性能(例如准确性和效率)取决于所研究问题的类型和被反演函数的类型。Stehfest 方法是一种在地下水流动和石油工程领域中常用的数值反演方法。考虑到所研究问题的本质,这里我们使用Stehfest 方法进行拉普拉斯数值反演。其反演公式为

$$f(t) \approx \frac{\ln 2}{t}\sum_{i=1}^{N} V(i) F\left(\frac{\ln 2}{t}i\right) \quad (3.3.130)$$

其中

$$V(i) = (-1)^{N/2+i}\sum_{k=(i+1)/2}^{\min\{i,N/2\}} \frac{k^{N/2}(2k)!}{(N/2-k)!k!(k-1)!(i-k)!(2k-i)!}$$

$$F(s) = L\{f(t)\} = \int_0^{\infty} f(t)\cdot e^{-st}\mathrm{d}t$$

N 是级数和的项数,必须是偶数。

对于本小节所研究的问题,显然有 $F(s) = \bar{\bar{u}}(n,z,s)$,$\bar{\bar{w}}(n,z,s)$ 和 $\bar{\bar{p}}(n,z,s)$。利用 Stehfest 反演公式,可得

$$\begin{cases} \bar{u}(n,z,t) \approx \dfrac{\ln 2}{t} \sum_{i=1}^{M} V(i)\, \bar{\bar{u}}\left(n,z,\dfrac{\ln 2}{t}i\right) \\[2ex] \bar{w}(n,z,t) \approx \dfrac{\ln 2}{t} \sum_{i=1}^{M} V(i)\, \bar{\bar{w}}\left(n,z,\dfrac{\ln 2}{t}i\right) \\[2ex] \bar{p}(n,z,t) \approx \dfrac{\ln 2}{t} \sum_{i=1}^{M} V(i)\, \bar{\bar{p}}\left(n,z,\dfrac{\ln 2}{t}i\right) \end{cases} \quad (3.3.131)$$

其中，M 是级数和的项数，而且是偶数。

根据式(3.3.131)，我们进一步有

$$\begin{cases} \bar{w}(0,z,t) \approx \dfrac{\ln 2}{t} \sum_{i=1}^{M} V(i)\, \bar{\bar{w}}\left(0,z,\dfrac{\ln 2}{t}i\right) \\[2ex] \bar{p}(0,z,t) \approx \dfrac{\ln 2}{t} \sum_{i=1}^{M} V(i)\, \bar{\bar{p}}\left(0,z,\dfrac{\ln 2}{t}i\right) \end{cases} \quad (3.3.132)$$

将式(3.3.131)～式(3.3.132)代回式(3.3.128)，得

$$u(x,z,t) = \frac{2\ln 2}{Wt} \sum_{n=1}^{\infty} \sum_{i=1}^{M} V(i)\, \bar{\bar{u}}\left(n,z,\frac{\ln 2}{t}i\right) \sin(\lambda_n x) \qquad (3.3.133a)$$

$$w(x,z,t) = \frac{\ln 2}{Wt} \sum_{i=1}^{M} V(i)\, \bar{\bar{w}}\left(0,z,\frac{\ln 2}{t}i\right)$$

$$\qquad + \frac{2\ln 2}{Wt} \sum_{n=1}^{\infty} \sum_{i=1}^{M} V(i)\, \bar{\bar{w}}\left(n,z,\frac{\ln 2}{t}i\right) \cos(\lambda_n x) \qquad (3.3.133b)$$

$$p(x,z,t) = \frac{\ln 2}{Wt} \sum_{i=1}^{M} V(i)\, \bar{\bar{p}}\left(0,z,\frac{\ln 2}{t}i\right)$$

$$\qquad + \frac{2\ln 2}{Wt} \sum_{n=1}^{\infty} \sum_{i=1}^{M} V(i)\, \bar{\bar{p}}\left(n,z,\frac{\ln 2}{t}i\right) \cos(\lambda_n x) \qquad (3.3.133c)$$

式(3.3.133)即所研究的问题在物理空间上的半解析解。

3. 实例研究

在这一部分，我们开展了一个实例研究以验证本小节所提出的半解析解，并进一步简要考察了有限二维饱和软黏土层承受表面法向载荷所诱发的孔隙弹性力学行为。

考虑一个实际承受表面法向载荷的饱和软黏土层(Li et al.，2017b)。实例具体力学和几何参数见 3.3.5 小节表 3.6，如前文所述，3.3.5 小节和本小节所考察的问题不同之处在于其边界条件不同。

和 3.3.5 小节相同，我们仍采用 Mathematica 9.0 软件对式(3.3.133)所表达

的解析解进行数值化。类比于 3.3.5 小节利用 Dynaflow 软件求所研究问题的数值解，本小节则利用 COMSOL Multiphysics 5.2 软件获取所考察问题的有限元数值解。

应该指出的是，本小节结果(图 3.34～图 3.38)与 3.3.5 小节结果(图 3.29～

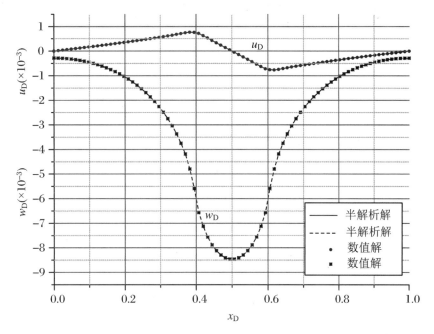

图 3.34　上表面长期沉降和侧向位移

表面变形(×10⁻³)

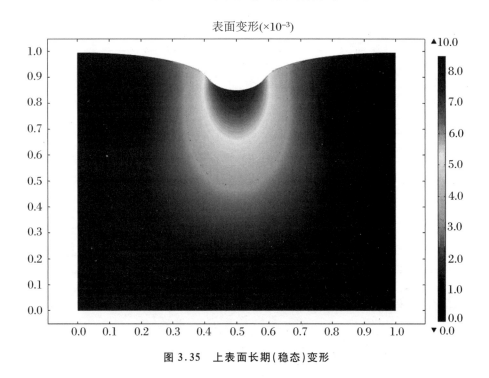

图 3.35　上表面长期(稳态)变形

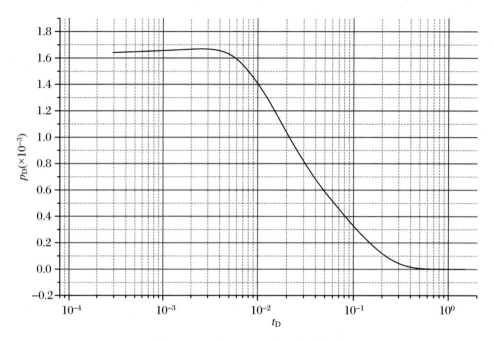

图 3.36 $p_D(0.5, 0.5)$ 与 t_D 的关系

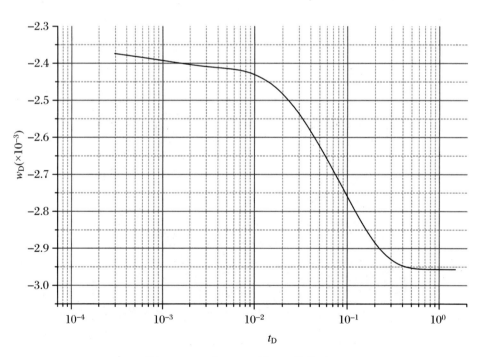

图 3.37 $w_D(0.5, 0.5)$ 与 t_D 的关系

孔隙弹性力学基础

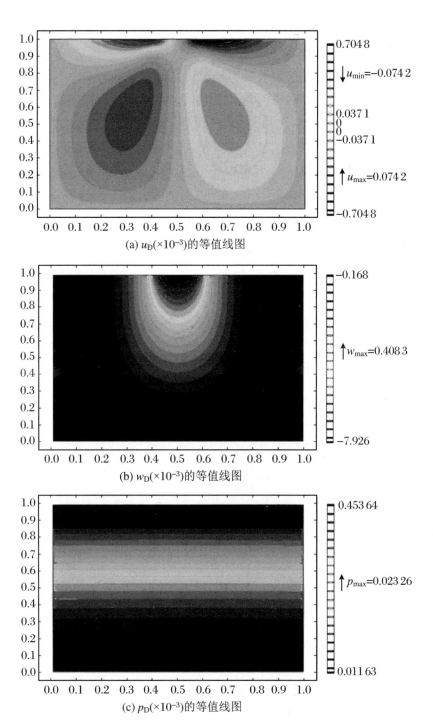

(a) $u_D(\times 10^{-3})$的等值线图

(b) $w_D(\times 10^{-3})$的等值线图

(c) $p_D(\times 10^{-3})$的等值线图

图 3.38　位移场和孔隙压力场的等值线图($t_D = 1.5$)

图 3.32)有相似之处,但也有明显的差别。因此,下文在阐述本小节结果时也与 3.3.5 小节相应结果开展了对比分析,以期读者能够从物理和数学角度更加清楚两者结果的差异及其原因所在。

图 3.34 给出了矩形区域上表面的稳态沉降和水平位移分布,其中实线代表半解析解,点线代表使用 COMSOL Multiphysics 5.2 得到的有限元数值解。实线与点线之间的高度吻合证实了本小节所提出的半解析解的正确性。从图 3.34 可以看出,尽管在上表面只是施加了法向载荷(无剪切载荷),但是上表面的位移除表现为沉降外,还有侧向(水平)位移产生,而且侧向位移 u_D 和沉降 w_D 的量级相同(尽管 u_D 较 w_D 要小一些)。与此同时,u_D 和 w_D 的大小(数值)彼此关联且它们相互作用。位移场的上述特征实际上是由边界条件式(3.3.117)和控制方程组(3.3.112)共同决定的。需要特别指出的是,图 3.34 清楚地显示出侧面边界点处(即 $x_D = 0$ 和 1.0)的水平位移 $u_D = 0$,而 $w_D \neq 0$。这一特征实际上与本小节所给定的侧面位移场边界条件完全一致。我们在前文中也特别强调了位移场边界条件是真实存在的。另外,我们也可从图 3.34 看出,w_D 和 u_D 曲线都是关于 $x_D = 0.5$ 对称的,而这是由表面载荷和边界条件的双重对称性决定的。无独有偶,以上特征实际上在 3.3.5 小节图 3.30(图 3.34 实际与图 3.30 对应)中亦有体现。我们当时也指出,正是因为表面载荷和边界条件的对称性,图 3.30 中 w_D 和 u_D 同 x_D 的关系曲线呈现关于直线 $x_D = 0.5$ 对称。而且在图 3.30 中,亦可明显看出 u_D 和 w_D 彼此关联且相互作用,这正是由其边界条件和控制方程组共同决定的。然而需要特别强调的是,虽然两者的位移场特征有很多如上的相似之处,但它们之间也存在显著的差别。在图 3.30 中,我们可以清晰地看到在侧面边界处 $w_D = 0$,而 $u_D \neq 0$,即该位移实际上与物理实际并不吻合。当然正如 3.3.5 小节所述,虽然该位移场在物理上不合理,但至少具有数学意义,而且也不难看出,其计算结果($w_D = 0$,而 $u_D \neq 0$)实际上与 3.3.5 小节所给定的相应边界条件$\left(\text{即侧面边界上} w = 0, \dfrac{\partial u}{\partial x} = 0\right)$完全吻合。这也从侧面印证了本小节和 3.3.5 小节所得到的两个解析解的正确性。

对由表面载荷诱发的孔隙弹性(或固结)问题而言,人们非常关心表面的最终沉降和变形特征。因此,我们利用图 3.34 中给出的上表面某一点的两个位移分量(即 u_D 和 w_D)合成得到该点的位移矢量并绘制图 3.35。因此图 3.35(彩图见 198 页)显示的是上表面的长期(稳态)变形。显然,正如我们所期望的,上表面经变形后最终形成了一个漏斗状。

除了上述上表面的稳态位移场外,孔隙压力场和位移场的时间依赖行为也是人们关心的问题。此处,以整个研究区域的中心点($x_D = 0.5, z_D = 0.5$)为例,考察孔隙压力场和位移场的时间演化特征。图 3.36 绘制的是无量纲压力 $p_D(x_D = 0.5, z_D = 0.5)$与无量纲时间 t_D 的关系。观察图 3.36 中 p_D 随时间的演化趋势,可以清晰地看出孔隙压力表现为时间的非单调函数。这种非单调压力响应的物理现象即称为著名的 Mandel-Cryer 效应。我们知道该物理现象是孔隙弹性理论较经典非耦合 Terzaghi 固结理论所具有的独特和自然的特征(详见 3.2.2 小节,此处不再赘述)。

与此同时,对孔隙弹性理论而言,孔隙压力场和位移场是同时相互作用的。换言之,孔隙压力和位移是相互耦合制约的,这体现在控制方程组(3.3.112)中。因此,除了孔隙压力的演化(图 3.36),我们同时绘制了中心点竖向位移随时间的变化,见图 3.37。注意,此处我们省略了 $u_D(0.5, 0.5)$随时间的变化图,原因在于 $u_D(0.5, 0.5)$始终为零(由于表面载荷和几何的双对称性)。值得指出的是,p_D 和 w_D 是随时间同步变化的。另外从图 3.37 可以看出,和 p_D 不同,w_D 是时间的单调函数,且体现为时间累积效果,即 w_D 随时间增加而连续增大。

图 3.38(彩图见 199 页)展示的是 $t_D = 1.5$ 时无量纲位移场和孔隙压力场的等值线图。图 3.38 清楚地显示出 u_D,w_D 和 p_D 的等值线均关于 $x_D = 0.5$ 轴对称,而这一点是由所考察问题的几何和载荷对称性决定的。这里,我们尤其关注 u_D 的分布特征。如图 3.38(a)所示,对称轴 $x_D = 0.5$ 两侧区域的水平位移是相反的,即它们大小相等、符号相反(看图 3.38(a)上的等值线和右侧图)。这与我们的直觉判断是吻合的,因为从物理角度而言,我们可以预测对称轴两侧水平位移是完全对称的。不妨以上表面为例,对称轴右侧点的水平位移是向左的,因此它表现为负值,然而左侧点则发生向右的侧向位移,因此其水平位移为正(看图 3.34 中的 u_D 线)。所有这些特点都清楚地展现在图 3.38(a)中。

根据上述结果与 3.3.5 小节结果的对比,我们可以清楚地看出本小节结果更符合物理实际,究其原因在于本小节所设定的边界条件均是客观存在的。而 3.3.5 小节中恰是因为其边界条件中有部分属于人为假设的理想/虚拟边界条件而导致其结果与工程实践有所偏离。

4. 结语

本小节提出了有限矩形区域内由表面载荷诱发的真实平面应变固结的解析解。鉴于有限二维孔隙弹性问题可利用的解析解非常少,因此本小节所提出的解析解可作为 3.3.5 小节所提出的半解析解的姊妹篇,共同用于校核相关数值解。

另外,因为该解析解是实际固结问题的解析解,所以其应用具有广泛适用性,即适用于诸多科学和工程领域的平面应变孔隙弹性问题的分析研究或应用。

需要补充说明的是,本小节所提出的解析解适用于恒定集度的表面法向载荷情形。在工程实践中,还有一些其他类型的表面载荷,例如斜坡载荷、剪切载荷、弯矩等。因此,可以在本小节解析方法和解析解的基础上,进一步拓展应用于其他类型载荷情形。

3.3.7 基本解方法

基本解方法(亦称点源函数法或格林函数法)常被应用于偏微分方程(组)的求解。一般而言,基本解方法适合求解线性偏微分方程(组)。

从数学物理(严镇军,2001)的观点看,微分方程表示一种特定的场和产生这个场的场源之间的关系,例如热传导方程表示温度场和热源之间的关系,而泊松方程表示静电场和电荷分布的关系,等等。点源函数所对应的方程的解(或者说由点源产生的场)通常称为点源解、基本解或格林函数(严镇军,2001;孔祥言,2020;Cheng,2016)。在求得点源解后,可直接利用它求解相对应非齐次方程(即非齐次项为任意一般函数的形式),其解(即任意连续分布的源汇所产生的场)可表达为点源解与非齐次项的卷积。目前,基本解方法已成为现代研究微分方程的重要工具之一。如需深入学习掌握基本解方法,建议读者学习 Cheng(2016)第 8章(基本解和积分方程),或参考阅读孔祥言(2020)中的基本解实例。

源汇项问题在工程中有着重要的应用。流体力学、渗流力学、土力学、传热学、电磁学,以及近代物理学、量子力学等领域都有许多问题涉及点源问题,如点电荷、点热源、流量点源汇等,而点源汇问题又是源汇问题的基础,因此研究点源汇引发的物理场变化规律和特征具有重要意义。

在偏微分方程中,通常二阶方程最为常见和常用,也研究得最多。而对于常微分方程,二阶常系数线性方程也是工程技术中一类非常典型的微分方程,其研究同样具有重要的理论意义和实用价值。

本小节提出了非齐次项为点源函数的二阶常系数线性常微分方程及边值问题的求解方法。尽管本小节研究的是常微分方程,但值得指出的是,该类常微分方程通常也可由偏微分方程实施积分变换或分离变量法得到。换言之,本小节提出的解法也同样适用于相应的偏微分方程。

1. 问题描述

首先写出二阶常系数非齐次线性常微分方程的一般形式,即

$$y'' + py' + qy = f(x) \tag{3.3.134}$$

下面考察非齐次项的一种特殊情形,即假设其为一维 $\delta(x)$ 函数:

$$y'' + py' + qy = a\delta(x - x_0) \tag{3.3.135}$$

方程(3.3.135)右端项表示位于 $x = x_0$ 的点源或点汇,a 为常数,表示该点源汇为定流量,且有 $x_0 \in [x_1, x_2]$,$[x_1, x_2]$ 为该问题的定义域。

众所周知,$\delta(x)$ 并非经典数学中严格意义上的函数,它是一种奇异函数,由 Dirac 研究量子力学时根据物理需要而引入,它可用于描述集中分布的物理量,如点电荷、点热源、流量点源汇等,通常定义为

$$\delta(x) = \begin{cases} 0, & x \neq 0 \\ \infty, & x = 0 \end{cases}, \quad \int_{-\varepsilon}^{+\varepsilon} \delta(x)\mathrm{d}x = \int_{-\infty}^{+\infty} \delta(x)\mathrm{d}x = 1 \quad (\varepsilon > 0)$$

$$\tag{3.3.136}$$

$\delta(x)$ 具有如下重要性质:

$$\int_{-\infty}^{+\infty} f(x)\delta(x - x_0)\mathrm{d}x = f(x_0) \tag{3.3.137}$$

另外,Heaviside 单位阶跃函数 $h(x)$ 的定义与前文相同,即

$$h(x) = \begin{cases} 1, & x \geq 0 \\ 0, & x < 0 \end{cases} \tag{3.3.138}$$

显然有 $h'(x) = \delta(x)$,即函数 $h(x)$ 是函数 $\delta(x)$ 的一个原函数。

2. 非齐次方程求解

(1) 非齐次方程通解方法

众所周知,常系数非齐次线性常微分方程的通解等于它对应齐次方程的通解和其一个特解之和。齐次线性常微分方程的通解求解较为简单,可归结为求解特征方程及特征值和特征向量问题,所以对非齐次方程求解而言,问题往往归结为如何求出某一特解。其特解求解方法有常数变易法、拉普拉斯变换法、微分算子法和降阶法等。下文利用常数变易法和降阶法给出方程(3.3.135)的通解。

（2）常数变易法

对于式（3.3.134）对应的齐次方程，其特征方程为 $s^2 + ps + q = 0$，不妨假设 $p^2 - 4q > 0$，则其两个特征根为 $-\dfrac{1}{2}(p \pm \sqrt{p^2 - 4q})$，均为实数，所以其两个基本解为 $y_1 = \exp\left\{-\dfrac{1}{2}(p - \sqrt{p^2 - 4q})x\right\}$，$y_2 = \exp\left\{-\dfrac{1}{2}(p + \sqrt{p^2 - 4q})x\right\}$。

不妨假设式（3.3.134）的通解为 $y = y_1(x)C_1(x) + y_2(x)C_2(x)$。利用常数变易法，应有

$$\begin{cases} y_1(x)C_1'(x) + y_2(x)C_2'(x) = 0 \\ y_1'(x)C_1'(x) + y_2'(x)C_2'(x) = f(x) \end{cases} \tag{3.3.139}$$

求解上述方程组，得到 $C_1'(x)$ 和 $C_2'(x)$，然后积分得 $C_1(x)$ 和 $C_2(x)$，于是可得其特解及通解。将 $f(x) = a\delta(x - x_0)$ 代入式（3.3.139），可解得

$$C_1'(x) = \frac{a\delta(x - x_0)}{\sqrt{p^2 - 4q}}\exp\left\{\frac{1}{2}(p - \sqrt{p^2 - 4q})x\right\}$$

$$C_2'(x) = -\frac{a\delta(x - x_0)}{\sqrt{p^2 - 4q}}\exp\left\{\frac{1}{2}(p + \sqrt{p^2 - 4q})x\right\}$$

积分有

$$C_1(x) = \frac{a\exp\left\{\dfrac{1}{2}(p - \sqrt{p^2 - 4q})x_0\right\}h(x - x_0)}{\sqrt{p^2 - 4q}} + C_1$$

$$C_2(x) = -\frac{a\exp\left\{\dfrac{1}{2}(p + \sqrt{p^2 - 4q})x_0\right\}h(x - x_0)}{\sqrt{p^2 - 4q}} + C_2$$

其中，C_1 和 C_2 为任意常数。则特解可取为

$$y^* = \left[y_1(x)C_1(x) + y_2(x)C_2(x)\right]\big|_{C_1 = C_2 = 0}$$

$$= \frac{a}{\sqrt{p^2 - 4q}}\left[\exp\left\{-\frac{1}{2}(p - \sqrt{p^2 - 4q})(x - x_0)\right\}\right.$$

$$\left. - \exp\left\{-\frac{1}{2}(p + \sqrt{p^2 - 4q})(x - x_0)\right\}\right]h(x - x_0) \tag{3.3.140}$$

所以通解可表示为

$$y = y_1(x)C_1(x) + y_2(x)C_2(x)$$

$$= C_1 \exp\left\{-\frac{1}{2}(p - \sqrt{p^2 - 4q})x\right\} + C_2 \exp\left\{-\frac{1}{2}(p + \sqrt{p^2 - 4q})x\right\}$$

$$+ \frac{a\left[\exp\left\{-\frac{1}{2}(p - \sqrt{p^2 - 4q})(x - x_0)\right\} - \exp\left\{-\frac{1}{2}(p + \sqrt{p^2 - 4q})(x - x_0)\right\}\right]}{\sqrt{p^2 - 4q}}$$

$$\cdot h(x - x_0) \tag{3.3.141}$$

(3) 降阶法

根据上文,齐次方程有两个特征值,即 $-\frac{1}{2}(p \pm \sqrt{p^2 - 4q})$,不妨假设 $s_1 = -\frac{1}{2}(p - \sqrt{p^2 - 4q})$,$s_2 = -\frac{1}{2}(p + \sqrt{p^2 - 4q})$,$f(x) = a\delta(x - x_0)$,直接代入特解公式(李培超等,2011)

$$y^* = \frac{1}{s_2 - s_1}\left[e^{s_2 x}\int e^{-s_2 x}f(x)\mathrm{d}x - e^{s_1 x}\int e^{-s_1 x}f(x)\mathrm{d}x\right]$$

同样可得形式和式(3.3.140)完全相同的特解。

(4) 格林函数法(或分段函数法)

考虑到 $\delta(x)$ 的性质,方程(3.3.135)可改写为

$$y'' + py' + qy = 0, \quad x_1 \leqslant x < x_0 \tag{3.3.142}$$

$$y'' + py' + qy = 0, \quad x_0 < x \leqslant x_2 \tag{3.3.143}$$

方程(3.3.142)和(3.3.143)均为齐次方程,易得其通解为

$$y_1 = A_1 \exp\left\{-\frac{1}{2}(p - \sqrt{p^2 - 4q})x\right\}$$

$$+ A_2 \exp\left\{-\frac{1}{2}(p + \sqrt{p^2 - 4q})x\right\}, \quad x_1 \leqslant x < x_0 \tag{3.3.144}$$

$$y_2 = B_1 \exp\left\{-\frac{1}{2}(p - \sqrt{p^2 - 4q})x\right\}$$

$$+ B_2 \exp\left\{-\frac{1}{2}(p + \sqrt{p^2 - 4q})x\right\}, \quad x_0 < x \leqslant x_2 \tag{3.3.145}$$

方程(3.3.135)存在非齐次项 $a\delta(x - x_0)$,方程的解在 $x = x_0$ 点应满足格林函数匹配条件(王高雄等,2006):

$$y_2(x_0^+) = y_1(x_0^-) \tag{3.3.146}$$

$$y_2'(x_0^+) - y_1'(x_0^-) = a \tag{3.3.147}$$

式(3.3.146)和式(3.3.147)结合定义域两端点(即 $x = x_1$ 和 $x = x_2$)处的边界条件共计四个约束方程可用于唯一确定待定系数 A_1, A_2, B_1 和 B_2,从而得到非齐次方程边值问题的解。

(5) 对上述两类解法的讨论

由以上两类方法,即常数变易法(或降阶法)和格林函数法都求得了非齐次方程的通解,前者以统一形式表示,而后者以分段函数表示。从表面上来看,前者更直观,因为包含齐次通解以及非齐次特解,而后者只是齐次通解形式,似乎没有包含非齐次特解。从形式上来看,两者不尽相同,但在本质上是一致的,后者待定系数 A_1, A_2, B_1, B_2 中其实包含了非齐次项的效应,因为它们是由边界条件和 $x = x_0$ 处格林函数匹配条件共同确定的,而前者 C_1 和 C_2 只是由边界条件决定的。

下面简单论证以上两类方法在原理上的一致性。

考察常数变易法的求解过程,不难发现,在对 $C'_1(x)$ 和 $C'_2(x)$ 积分时,显然利用了函数 $h(x)$ 为函数 $\delta(x)$ 的原函数的性质,从而得到 $C_1(x)$ 和 $C_2(x)$ 的表达式。而对于格林函数法,所谓匹配条件其实也可根据 $\delta(x)$ 函数的性质导出。

对方程(3.3.135)实施定积分,有

$$\int_{x_1}^{x_2} (y'' + py' + qy)\mathrm{d}x = \int_{x_1}^{x_2} a\delta(x - x_0)\mathrm{d}x \tag{3.3.148}$$

式(3.3.148)左边可分解为

$$\int_{x_1}^{x_0^-} (y'' + py' + qy)\mathrm{d}x + \int_{x_0^-}^{x_0^+} (y'' + py' + qy)\mathrm{d}x + \int_{x_0^+}^{x_2} (y'' + py' + qy)\mathrm{d}x$$

$$= \int_{x_1}^{x_0^-} (y_1'' + py_1' + qy_1)\mathrm{d}x + \int_{x_0^-}^{x_0^+} (y'' + py' + qy)\mathrm{d}x + \int_{x_0^+}^{x_2} (y_2'' + py_2' + qy_2)\mathrm{d}x$$

$$= \int_{x_0^-}^{x_0^+} (y'' + py' + qy)\mathrm{d}x = y'\big|_{x_0^-}^{x_0^+} + py\big|_{x_0^-}^{x_0^+} + q\int_{x_0^-}^{x_0^+} y\mathrm{d}x \tag{3.3.149}$$

而式(3.3.148)右边可分解为

$$\int_{x_1}^{x_0^-} a\delta(x - x_0)\mathrm{d}x + \int_{x_0^-}^{x_0^+} a\delta(x - x_0)\mathrm{d}x + \int_{x_0^+}^{x_2} a\delta(x - x_0)\mathrm{d}x$$

$$= 0 + \int_{x_0^-}^{x_0^+} a\delta(x - x_0)\mathrm{d}x + 0 = a \tag{3.3.150}$$

所以有

$$y'\big|_{x_0^-}^{x_0^+} + py\big|_{x_0^-}^{x_0^+} + q\int_{x_0^-}^{x_0^+} y\mathrm{d}x = a \tag{3.3.151}$$

上式可认为等价于

$$y \big|_{x_0^-}^{x_0^+} = 0 \tag{3.3.152}$$

$$y' \big|_{x_0^-}^{x_0^+} = a \tag{3.3.153}$$

不难发现,式(3.3.152)和式(3.3.153)其实就是式(3.3.146)和式(3.3.147)。

可见,两类方法在求通解过程中都充分利用了 $\delta(x)$ 函数的性质,两者异曲同工。前者待定系数个数少,但通解形式较复杂,而后者虽然待定系数较多,但通解形式简单。对于边值问题求解,两者各有千秋,所以在求解此类非齐次方程(及相应边值问题)时可根据自己的喜好确定采用哪种方法。

3. 工程实例研究

这里以渗流力学中一个二阶常微分方程边值问题为例进行研究和阐述。该方程物理背景为地层中由流量点汇(如抽水井抽水)所引发的地面沉降变形和地下水渗流的耦合问题。该类问题具有广泛的用途,它可用于分析点源汇引发的物理场问题,如点热源引发的热传导问题及浓度源扩散问题等。我们知道,渗流场方程和传热传质方程(如热传导方程或浓度扩散方程)在本质上是一致的,都属于二阶抛物型方程,因此研究这一类方程意义重大。

给出一个二阶常系数常微分方程如下:

$$\frac{\mathrm{d}^2 y(z)}{\mathrm{d}z^2} - \beta_m^2 y(z) = \frac{Q\mu}{2\pi k}\delta(z - z_0), \quad 0 \leqslant z \leqslant H \tag{3.3.154}$$

该方程是由渗流场偏微分方程经过有限 Hankel 积分变换(Li et al.,2017a)而来的。点汇位于 $z = z_0$,且满足如下边界条件,即

$$\begin{aligned} y(z) &= 0, \quad z = 0 \\ y'(z) &= 0, \quad z = H \end{aligned} \tag{3.3.155}$$

对比方程(3.3.135),有 $p = 0, q = -\beta_m^2, a = \dfrac{Q\mu}{2\pi k}$,代入通解公式(3.3.141),得其通解:

$$y(z) = C_1 \mathrm{e}^{\beta_m z} + C_2 \mathrm{e}^{-\beta_m z} + \frac{Q\mu \cdot \sinh[\beta_m(z - z_0)] \cdot h(z - z_0)}{2\pi k \beta_m}$$

$$\tag{3.3.156}$$

利用边界条件式(3.3.155),可确定上述通解中的 C_1 和 C_2:

$$C_1 = -\frac{Q\mu \cdot \cosh[\beta_m(H - z_0)]}{4\pi k\beta_m \cosh(\beta_m H)}, \quad C_2 = \frac{Q\mu \cdot \cosh[\beta_m(H - z_0)]}{4\pi k\beta_m \cosh(\beta_m H)}$$

$$(3.3.157)$$

当 $z < z_0$ 时, $h(z - z_0) = 0$,式(3.3.156)变为

$$y(z) = -\frac{Q\mu \cdot \cosh[\beta_m(H - z_0)]}{2\pi k\beta_m \cosh(\beta_m H)}\sinh(\beta_m z) \qquad (3.3.158a)$$

而当 $z > z_0$ 时, $h(z - z_0) = 1$,式(3.3.156)简化为

$$y(z) = -\frac{Q\mu \sinh(\beta_m z_0)}{2\pi k\beta_m \cosh(\beta_m H)}\cosh[\beta_m(H - z)] \qquad (3.3.158b)$$

利用上文的格林函数法,有

$$\frac{\mathrm{d}^2 y(z)}{\mathrm{d}z^2} - \beta_m^2 y(z) = 0, \quad 0 \leqslant z < z_0 \qquad (3.3.159a)$$

$$\frac{\mathrm{d}^2 y(z)}{\mathrm{d}z^2} - \beta_m^2 y(z) = 0, \quad z_0 < z \leqslant H \qquad (3.3.159b)$$

方程(3.3.159a)和(3.3.159b)的通解可写为

$$y_1(z) = A_1\cosh(\beta_m z) + A_2\sinh(\beta_m z), \quad 0 \leqslant z < z_0 \qquad (3.3.160a)$$

$$y_2(z) = B_1\cosh[\beta_m(H - z)] + B_2\sinh[\beta_m(H - z)], \quad z_0 < z \leqslant H$$

$$(3.3.160b)$$

其中, A_1, A_2, B_1 和 B_2 为待定系数。

方程(3.3.154)的非齐次项为 $\dfrac{Q\mu}{2\pi k}\delta(z - z_0)$,其格林函数的匹配条件为

$$y_2(z_0^+) = y_1(z_0^-) \qquad (3.3.161a)$$

$$y_2'(z_0^+) - y_1'(z_0^-) = \frac{Q\mu}{2\pi k} \qquad (3.3.161b)$$

利用以上两式结合边界条件式(3.3.155),可确定出四个待定系数,最终得到

$$y_1(z) = A_2\sinh(\beta_m z), \quad 0 \leqslant z \leqslant z_0 \qquad (3.3.162a)$$

$$y_2(z) = B_1\cosh[\beta_m(H - z)], \quad z_0 \leqslant z \leqslant H \qquad (3.3.162b)$$

其中

$$A_2 = -\frac{Q\mu \cosh[\beta_m(H-z_0)]}{2\pi k\beta_m \cosh(\beta_m H)}, \quad B_1 = -\frac{Q\mu \sinh(\beta_m z_0)}{2\pi k\beta_m \cosh(\beta_m H)}$$

显然式(3.3.162)与式(3.3.158)完全一致,即对于非齐次项为点源函数的二阶常系数线性方程边值问题,两类方法得到的解是完全相同的。这自然也印证了两类方法所得通解的一致性。

另外参照上文研究思路,此处直接给出了当 $p^2-4q<0$ 或 $p^2-4q=0$ 时方程(3.3.135)的通解:

当 $p^2-4q=0$ 时,

$$y = C_1 \exp\left\{-\frac{1}{2}px\right\} + C_2 x \exp\left\{-\frac{1}{2}px\right\}$$
$$+ a(x-x_0)\exp\left\{-\frac{1}{2}p(x-x_0)\right\}h(x-x_0) \qquad (3.3.163)$$

当 $p^2-4q<0$ 时,

$$y_1 = C_1 \exp\left\{-\frac{1}{2}px\right\}\cos\left(\frac{1}{2}\sqrt{4q-p^2}\,x\right) + C_2 \exp\left\{-\frac{1}{2}px\right\}\sin\left(\frac{1}{2}\sqrt{4q-p^2}\,x\right)$$

$$+ \frac{2a\exp\left\{-\frac{1}{2}p(x-x_0)\right\}\sin\left[\frac{1}{2}\sqrt{4q-p^2}(x-x_0)\right]h(x-x_0)}{\sqrt{4q-p^2}}$$

$$(3.3.164)$$

4. 结语

本小节首先利用基本解方法和非齐次方程通解方法给出了非齐次项为点源函数的二阶常系数线性常微分方程及边值问题的求解方法和公式。然后以渗流力学一类具体问题为例进行了论证。这两种解法可以用于分析相关边值问题,也可以用来求解具有一般非齐次项的微分方程及相关定解问题。

参 考 文 献

王高雄,周之铭,朱思铭,等,2006.常微分方程[M].3 版.北京:高等教育出版社.

朱思铭,2009.常微分方程学习辅导与习题解答[M].北京:高等教育出版社.

严镇军,2001.数学物理方程[M].2 版.合肥:中国科学技术大学出版社.

谷超豪,李大潜,陈恕行,等,2012.数学物理方程[M].3 版.北京:高等教育出版社.

孔祥言,2020.高等渗流力学[M].3 版.合肥:中国科学技术大学出版社.

Verruijt A,2016. Theory and problems of poroelasticity[Z/OL]. Delft: Delft University of Technology. http://geo. verruijt. net/.

Terzaghi K,1943. Theoretical soil mechanics[M]. New York:John Wiley and Sons Inc. .

Biot M A, 1941a. General theory of three-dimensional consolidation[J]. Journal of Applied Physics,12(2):155-164.

李培超,孔祥言,卢德唐,2003.饱和多孔介质流固耦合渗流数学模型[J].水动力学研究与进展(A 辑),18(4):419-426.

李培超,李贤桂,卢德唐,2010.饱和土体一维固结理论的修正-饱和多孔介质流固耦合渗流模型之应用[J].中国科学技术大学学报,40(12):1273-1278.

Mandel J,1953. Consolidation des sols:étude mathématique[J]. Géotechnique,3(7):287-299.

Cryer C W,1963. A comparison of the three-dimensional consolidation theories of Biot and Terzaghi[J]. Quarterly Journal of Mechanics and Applied Mathematics,16(4):401-412.

Schiffman R L,Chen A T F,Jordan J C,1969. An analysis of consolidation theories[J]. Journal of the Soil Mechanics and Foundations Division,95(1):285-312.

Gibson R E,Gobert A,Schiffman R L,1990. On Cryer's problem with large displacements and variable permeability[J]. Géotechnique,40:627-631.

Gibson R E, Knight K, Taylor P W,1963. A critical experiment to examine theories of three-dimensional consolidation[C]//Proceedings of European Conference on Soil Mechanics and Foundation Engineering,1:69-76.

Verruijt A,1965. Discussion on consolidation of a massive sphere[C]//Proceedings of the 6th International Conference on Soil Mechanics and Foundation Engineering,3:401-402.

Abousleiman Y,Cheng A H D,Detournay E,et al. ,1996. Mandel's problem revisited[J]. Géotechnique,46(2):187-195.

Belotserkovets A,Prévost J H,2011. Thermoporoelastic response of a fluid-saturated porous sphere:An analytical solution[J]. International Journal of Engineering Science,49:1415-1423.

McNamee J,Gibson R E,1960a. Displacement functions and linear transforms applied to diffusion through porous elastic media[J]. Quarterly Journal of Mechanics and Applied Mathematics,13(1):98-111.

McNamee J,Gibson R E,1960b. Plane strain and axially symmetric problems of the consolidation of a semi-infinite stratum[J]. Quarterly Journal of Mechanics and Applied Mathematics,13(2):210-227.

Biot M A,1941b. Consolidation settlement under a rectangular load distribution[J]. Journal of Applied Physics,12(5):426-430.

Biot M A,Clingan F M,1941c. Consolidation settlement of a soil with an impervious top surface[J]. Journal of Applied Physics,12(7):578-581.

Cheng A H D,2016. Poroelasticity[M]. Berlin: Springer.

Booker J R,Carter J P,1986a. Analysis of a point sink embedded in a porous elastic half space[J]. International Journal for Numerical and Analytical Methods of Geomechanics,10(2):137-150.

Booker J R,Carter J P,1987. Withdrawal of a compressible pore fluid from a point sink in an isotropic elastic half space with anisotropic permeability[J]. International Journal of Solids and Structures,23:369-385.

Tarn J Q,Lu C C,1991. Analysis of subsidence due to a point sink in an anisotropic porous elastic half space[J]. International Journal for Numerical and Analytical Methods of Geomechanics,15(8):573-592.

Chen G J,2003. Analysis of pumping in multilayered and poroelastic half space[J]. Computers and Geotechnics,30:1-26.

Barry S I,Mercer G N,Zoppou C,1997. Deformation and fluid flow due to a source in a poroelastic layer[J]. Applied Mathematical Modelling,21:681-689.

Barry S I,Mercer G N,1999. Exact solutions for two-dimensional time-dependent flow and deformation within a poroelastic medium[J]. Journal of Applied Mechanics, 66: 536-540.

Li P C,Lu D T,2011. An analytical solution of two-dimensional flow and deformation coupling due to a point source within a finite poroelastic media[J]. Journal of Applied Mechanics,78(6):061020.

Li P C,Wang K Y,Lu D T,2016. Analysis of time-dependent behavior of coupled flow and deformation due to a point sink within a finite rectangular fluid-saturated poroelastic medium[J]. Journal of Porous Media,19(11):955-973.

李培超,2011. 二维饱和多孔介质因点汇诱发比奥固结的解析解[J]. 岩土力学,32(9): 2688-2691.

Ramey H J,Jr.,Cobb W M,1971. A general pressure buildup theory for a well in a closed drainage area[J]. Journal of Petroleum Technology,23:1493-1505.

Cobb W M,Smith J T,1975. An investigation of pressure-buildup tests in bounded reservoirs[J]. Journal of Petroleum Technology,27:991-996.

李培超,李贤桂,2010.二维有限饱和多孔介质流动变形耦合数值模拟[J].上海大学学报（自然科学版),16(6):655-660.

Biot M A,Willis D G,1957. The elastic coefficients of the theory of consolidation[J]. Journal of Applied Mechanics,24:594-601.

Gutierrez M S,Lewis R W,2002. Coupling of fluid flow and deformation in underground formations[J].Journal of Engineering Mechanics,128(7):779-787.

Mercer G N,Barry S I,1999. Flow and deformation in poroelasticity:Ⅱ Numerical method[J].Mathematical and Computer Modelling,30:31-38.

李贤桂,2010.二维多孔介质流动变形耦合数值模拟[D].上海:上海大学.

Li P C,Wang K Y,Li X G,et al.,2014. Analytical solutions of a finite two-dimensional fluid-saturated poroelastic medium with compressible constituents[J]. International Journal for Numerical and Analytical Methods in Geomechanics,38(11):1183-1196.

Li P C,Wang K Y,Fang G K,et al.,2017a. Steady-state analytical solutions of flow and deformation coupling due to a point sink within a finite fluid-saturated poroelastic layer[J]. International Journal for Numerical and Analytical Methods in Geomechanics,41(8):1093-1107.

Booker J R,Carter J P,1986b. Long term subsidence due to fluid extraction from a saturated,anisotropic,elastic soil mass[J]. Quarterly Journal of Mechanics and Applied Mathematics,39(1):85-97.

Lu C C,2013. Elastic solutions for a saturated isotropic half space subjected to a fluid line sink[J]. Applied Mechanics and Materials,405/406/407/408:275-284.

Selvadurai A P S,Kim J,2015. Ground subsidence due to uniform fluid extraction over a circular region within an aquifer[J]. Advances in Water Resources,78:50-59.

Hughes T J R,2000. The finite element method:Linear static and dynamic finite element analysis[M].New York:Dover Publications.

Li P C,Wang K Y,Lu D T,2017b. Analytical solution of plane-strain poroelasticity due to surface loading within a finite rectangular domain[J]. International Journal of Geomechanics,17(4):04016089.

伍卓群,李勇,2004.常微分方程[M].北京:高等教育出版社.

Talbot A,1979. The accurate numerical inversion of Laplace transforms[J].Journal of the Institute of Mathematics and Its Applications,23:97-120.

Abate J,Whitt W,2006. A unified framework for numerically inverting Laplace transforms[J].Informs Journal on Computing,18:408-421.

Prévost J H,1981. DYNAFLOW:A nonlinear transient finite element analysis program [Z/OL]. Princeton University:Department of Civil and Environmental Engineering.

http://www.princeton.edu/~dynaflow/.

Prévost J H,1982. Nonlinear transient phenomena in saturated porous media[J]. Computer Methods in Applied Mechanics and Engineering,30:3-18.

Li P C,Wang K Y,2020. Analysis of realistic plane strain consolidation induced by surface loading within a finite rectangular region[J]. Special Topics & Reviews in Porous Media,11(4):381-394.

Stehfest H,1970. Numerical inversion of Laplace transforms[J]. Communications of the ACM,13:47-49,624.

Crump K S,1976. Numerical inversion of Laplace transforms using a Fourier series approximation[J]. Journal of the ACM,23:89-96.

李培超,李培伦,黎波,等,2011. 一类二阶常系数非齐次线性微分方程及边值问题的解法[J]. 数学的实践与认识,41(3):210-216.

第4章 数值方法

事实上,偏微分方程(组)的解析解通常难以获取,尤其对于工程实践中问题复杂的几何区域或边界条件,则更是如此,因此解析解(方法)也有较大的局限性。与解析法不同的是,数值方法处理的是代数方程组,这通常比求解偏微分方程组容易,所以理论上说,数值方法较解析法简单一些,其应用范围也更为广泛。而且随着现代计算机和计算技术的迅猛发展,数值方法(或称计算方法)愈发显现其威力和作用,已成为与理论分析(包括解析法)和实验(试验、观测)并列的第三种科学研究范式,并广泛应用于各个学科领域。

当无法由微积分技巧求得偏微分方程(组)的解析解时,我们只能利用数值方法来求得其数值解了。数值方法的主要思路是将原来的偏微分方程离散为代数方程组,以便于求解。如前所述,数值方法求得的未知函数(因变量)只是一些离散的数值/数据,并非似解析解为连续分布;而且数值分析因为经过上述近似离散过程,其中截断误差不可避免。因此数值解的精确度通常不如解析解。

对于孔隙弹性问题,常用的数值方法主要是有限元法和有限差分法,其他方法有边界元法、离散元法等。以下就有限元法、有限差分法和其他方法做一简要介绍。

4.1 有限元法

利用有限元法求解 Biot 固结理论,首先是由 Sandhu 和 Wilson(1969)提出的。Prévost(1983)给出了分析饱和多孔介质线性和非线性静态固结的通用隐-显式预估校正有限元算法。Zienkiewicz 和 Shiomi(1984)研究了饱和多孔介质的动力固结问题,并提出了其有限元解法。Li et al.(1990)给出了多孔介质多相流动和变形耦合的有限元解。Lewis 和 Schrefler(1998)出版了相关著作,系统地总结和研究了处理多孔介质准静态固结和动力固结的有限元法。国内也有不少学者开展了 Biot 固结的有限元法求解,例如较早的具有代表性的钱加欢和殷宗泽(1994)。Verruijt(2016)特别研究了平面应变和轴对称情形孔隙弹性问题的有限元算法,并编写和提供了相关计算机程序供读者学习和使用。

在具体工程实例方面,Lewis 和 Schrefler(1978)开发了第一个抽水诱发地面沉降的有限元计算程序,并应用于意大利的威尼斯及后来的波河峡谷和拉文那地区。Gutierrez 和 Lewis(2002)及 Settari 等(2008)研究了因油气开采引起的地面沉降,两者处理的分别是欧洲北海某油藏和北亚得里亚海某气藏。国内在工程实例分析方面,骆祖江等(2006,2008)基于 Biot 三维固结理论,引用了孔隙度和渗透率非线性动态变化模型(李培超等,2003),并利用有限元法,模拟了上海市第四纪松散沉积层某深基坑降水引起的地面沉降问题。

如上所述,Biot 固结理论/孔隙弹性力学的有限元算法已相对成熟。鉴于此,本节接下来仅简述其有限元法的基本思路,至于其有限元列式、详细推导过程和实施细节,建议读者参考上述相关论著。

对于饱和多孔介质 Biot 三维固结问题,其控制方程组如式(3.3.38)所示,即由三个应力场平衡方程和一个孔隙压力场方程构成。可利用标准的有限元离散步骤(例如采用常见的 Galerkin 加权余量法,具体可参考 Lewis 和 Schrefler (1998),或有限元法经典著作 Zienkiewicz et al.(2005)和 Hughes(2000))对上述偏微分方程组进行离散。为使求解更加准确,可采用全隐式时间积分格式 (Gutierrez,Lewis,2002)。这样一来,原来的偏微分方程组经离散后成为有限元列式,即通常表现为线性代数方程组。一般而言,可采用消去法(例如高斯消去法)或迭代法(例如共轭梯度法)对该代数方程组进行求解。上述代数方程组结合适当的定解条件(边界条件和初始条件),即可求得应力场/位移场和孔隙压力场的有限元数值解。其中特别需要注意的是,对于自由面边界和载荷列阵(例如常规集中力、体力、面力和初应变等效载荷,降水引发的附加载荷以及开挖载荷等)的合理处理(骆祖江等,2006,2008)。

以上阐述的是一般的三维固结情形。在生产实践中,平面应变固结或轴对称固结情形也经常出现。当然可以将上述三维固结情形有限元方法退化到平面应变固结或轴对称固结情形。此处需要特别指出的是,前文提及的 Verruijt(2016)

专门针对平面应变固结和轴对称固结情形开展了 Galerkin 有限元法求解,并给出了详细清晰的推导过程、求解程序和算例验证。例如,针对平面应变固结,采用 Galerkin 法离散,得到了有限元列式(见其式(9.83)～式(9.85))。针对此代数方程组,他采用了 Bi-CGSTAB 迭代法开展求解,进一步提高了有限元解的稳定性、精确度和求解效率。更可贵的是,Verruijt 还利用 Borland C++ Builder 开发了相应的计算程序 POROFEM 以用于求解平面应变固结问题,而且在其个人网站 http://geo.verruijt.net/免费提供了该程序。另外,众所周知,孔隙弹性问题有限元解的准确性和可靠度强烈依赖于计算采取的时间步长。Verruijt 也在其专著中深入探讨了这个问题并给出了解决方案。因此,读者如果想深入了解和学习平面应变固结和轴对称固结的有限元解法,笔者推荐不妨认真阅读和学习该专著。

4.2　有限差分法

除有限元法外,有限差分法(Mercer,Barry,1999)也是求解 Biot 固结理论的常用方法之一。对于二维有限区域流固耦合渗流问题,控制方程组(Biot 固结方程组)由一个压力场方程和两个位移场方程组成,因此需要对上述离散后的控制方程组联立迭代求解。李培超等(2012)采用全隐式有限差分法先将上述三个方程离散为各自对应的方程组,其系数矩阵均为五对角矩阵;然后利用效率较高的强隐式联立迭代法(Mercer,Barry,1999)求解上述三个方程,同时获得了孔隙压力场和位移场的数值解;并研究了在上表面载荷作用下渗流场和位移场的变化特征和规律,着重探讨了各种不同实际边界条件组合对耦合两场结果的影响。该迭代方法效率较高,适合于二维或三维问题大型稀疏方程组的求解。

与有限元法比较,有限差分法的原理相对简单,有限元法的原理及计算则略显繁琐。

4.2.1　数学模型

1. 控制方程组

为处理简单起见,此处采用二维剖面模型研究有限区域饱和多孔弹性介质内的流固耦合渗流问题。假设 y 轴方向为无穷长(或尺寸足够大),所研究区域为 xz

剖面（x 为水平方向，z 为竖直方向）。在工程实际中，有时可以用二维剖面模型来近似代替三维模型，而且在二维模型研究基础上，可进一步拓展和推广到三维模型。

考虑到 y 轴方向尺寸足够大，可忽略 y 轴方向的应变，即问题简化为 xz 剖面"平面应变"问题，位移场方程及压力场方程可写为

$$G \nabla^2 u + \frac{G}{1 - 2\nu} \frac{\partial \varepsilon_V}{\partial x} - \frac{\partial p}{\partial x} = 0 \qquad (4.2.1)$$

$$G \nabla^2 w + \frac{G}{1 - 2\nu} \frac{\partial \varepsilon_V}{\partial z} - \frac{\partial p}{\partial z} = 0 \qquad (4.2.2)$$

$$-\frac{k}{\mu}\left(\frac{\partial^2 p}{\partial x^2} + \frac{\partial^2 p}{\partial z^2}\right) + \frac{\partial \varepsilon_V}{\partial t} + \left(\frac{1 - \phi}{K_s} + \frac{\phi}{K_f}\right)\frac{\partial p}{\partial t} = 0 \qquad (4.2.3)$$

其中，$G = \dfrac{E}{2(1 + \nu)}$，$E$ 为介质弹性模量，K_s 和 K_f 分别为固体骨架和孔隙流体的体积弹性模量，u 和 w 分别为 x 向和 z 向的位移，ε_V 为体积应变，$\varepsilon_V = \dfrac{\partial u}{\partial x} + \dfrac{\partial w}{\partial z}$，$p$ 为孔隙流体压力，k 为渗透率，μ 为流体黏性系数，ϕ 为孔隙度，ν 为泊松比。

不难看出，以上控制方程组仍采用了 Biot 经典固结理论的形式，其中式（4.2.1）和式（4.2.2）与 Biot（1941a）中的式（6.5）完全相同，而压力场方程（4.2.3）做了修正，考虑了孔隙流体和固体骨架的压缩性，而在 Biot 经典理论中，这两者被忽略了，所以其形式如 Biot（1941a）中的式（6.6）。以上控制方程组具体推导过程可参考李培超等（2009）以及李培超和李贤桂（2010）。

2. 定解条件

对于上述控制方程组，应补充适当的边界条件和初始条件，才能构成定解问题。由于该模型包含渗流场方程和位移场方程，所以必须提供各自对应的初始条件和边界条件。

（1）初始条件

通常指初始时刻多孔介质内孔隙流体压力和位移场的原始分布。

渗流场初始条件：

$$p(x, z, t)\big|_{t=0} = p_0(x, z) \qquad (4.2.4)$$

其中，p_0 是原始孔隙流体压力。

位移场初始条件：

$$W(x, z, t)\big|_{t=0} = W_0 \qquad (4.2.5)$$

其中，W_0 是多孔介质初始位移矢量，通常可取零，即有

$$u(x, z, t)\big|_{t=0} = 0, \qquad w(x, z, t)\big|_{t=0} = 0 \qquad (4.2.5')$$

（2）边界条件

渗流场边界条件：

渗流场边界条件通常有三类，即第一类、第二类和第三类边界条件，比较常用的是第一类和第二类边界条件。

定压边界条件：

$$p(x, z, t)\big|_\Gamma = p_b \qquad (4.2.6)$$

其中，p_b 为边界 Γ 上已知的孔隙流体压力。

定流量边界条件：

$$\int -\frac{k}{\mu} \nabla p \cdot n \, \mathrm{d}\Gamma = q_b \qquad (4.2.7)$$

其中，n 为边界 Γ 的法向量，q_b 为边界 Γ 的已知流量。

如果边界是自由面（或称自由透水面），则 $p(x, z, t)\big|_\Gamma = 0$，即属一种特殊的定压边界。

如果边界是封闭边界（不透水边界），则 $-\dfrac{k}{\mu} \nabla p \cdot n\big|_\Gamma = 0$，即属一种特殊的定流量边界。

位移场边界条件：

参照上文渗流场边界条件的给定方法，同理可给出位移场边界条件的表达式如下（仅以第一类边界条件为例）：

$$W(x, z, t)\big|_\Gamma = W_b \qquad (4.2.8)$$

其中，W_b 为边界 Γ 上已知的位移矢量。

然而值得指出的是，对于地面沉降问题，所涉及土层（含水层）区域内位移场边界条件实际上难以直接给出，因为通常情况下土层表面位移场（即竖直位移和水平位移）及侧面位移是未知待求的，而非给定的已知量。为处理合理简便起见，不妨将研究区域取得足够大，即在原来含水层饱和区域上进行扩展（Gutierrez，Lewis，2002），如侧面扩展到自然边界，将其周围的不透水封闭区域也包含进来。这样一来，虽然模拟区域变大了，但是边界条件却容易给出，因为此时模拟区域的"边界"是固壁边界，位移场是已知的（通常为零）。从而，我们就给出了位移场的边界条件，只是"计算区域"变

　　孔隙弹性力学基础

大了(李培超,李贤桂,2010),即

$$\boldsymbol{W}(x,z,t)\big|_{\Gamma_1} = 0 \tag{4.2.9}$$

式中,Γ_1 为扩展后的"计算区域"所对应的边界。

以上笼统地给出了二维饱和多孔介质流固耦合渗流问题的定解条件,定解条件结合控制方程(4.2.1)~(4.2.3)即构成了该问题的完备的数学模型。

4.2.2 数值解法

针对上述数学模型,其控制方程组由两个位移场方程和一个压力场方程组成,而且每个方程中都含有三个变量 p,w 和 u,因此需要对上述方程联立方可求解。

1. 全隐式有限差分法

将 $\varepsilon_V = \dfrac{\partial u}{\partial x} + \dfrac{\partial w}{\partial z}$ 代入式(4.2.1)~式(4.2.3),采用时间向后差分空间中心差分格式(即 BTCS 格式)对式(4.2.1)~式(4.2.3)分别离散,得到各自的全隐式离散方程组(李培超,李贤桂,2010)如下:

$$
\frac{G}{\Delta z^2} u_{i,j-1}^n + \frac{2-2\nu}{1-2\nu} \frac{G}{\Delta x^2} u_{i-1,j}^n - 2\left(\frac{G}{\Delta z^2} + \frac{2-2\nu}{1-2\nu} \frac{G}{\Delta x^2}\right) u_{i,j}^n
$$

$$
+ \frac{2-2\nu}{1-2\nu} \frac{G}{\Delta x^2} u_{i+1,j}^n + \frac{G}{\Delta z^2} u_{i,j+1}^n
$$

$$
= \frac{p_{i+1,j}^n - p_{i-1,j}^n}{2\Delta x} - \frac{G}{1-2\nu} \frac{w_{i+1,j+1}^n - w_{i+1,j-1}^n - w_{i-1,j+1}^n + w_{i-1,j-1}^n}{4\Delta x \Delta z}
$$

$$\tag{4.2.10}$$

$$
\frac{2-2\nu}{1-2\nu} \frac{G}{\Delta z^2} w_{i,j-1}^n + \frac{G}{\Delta x^2} w_{i-1,j}^n - 2\left(\frac{G}{\Delta x^2} + \frac{2-2\nu}{1-2\nu} \frac{G}{\Delta z^2}\right) w_{i,j}^n
$$

$$
+ \frac{G}{\Delta x^2} w_{i+1,j}^n + \frac{2-2\nu}{1-2\nu} \frac{G}{\Delta z^2} w_{i,j+1}^n
$$

$$
= \frac{p_{i,j+1}^n - p_{i,j-1}^n}{2\Delta z} - \frac{G}{1-2\nu} \frac{u_{i+1,j+1}^n - u_{i+1,j-1}^n - u_{i-1,j+1}^n + u_{i-1,j-1}^n}{4\Delta x \Delta z} \tag{4.2.11}
$$

$$
\frac{1}{(\Delta z)^2} p_{i,j-1}^n + \frac{1}{(\Delta x)^2} p_{i-1,j}^n - \left[2\left(\frac{1}{(\Delta x)^2} + \frac{1}{(\Delta z)^2}\right) + \frac{\mu}{k\Delta t}\left(\frac{1-\phi}{K_s} + \frac{\phi}{K_f}\right)\right] p_{i,j}^n
$$

$$
+ \frac{1}{(\Delta x)^2} p_{i+1,j}^n + \frac{1}{(\Delta z)^2} p_{i,j+1}^n
$$

$$
= \frac{\mu}{2k\Delta x \Delta t}(u_{i+1,j}^n - u_{i+1,j}^{n-1} - u_{i-1,j}^n + u_{i-1,j}^{n-1})
$$

$$+ \frac{\mu}{2k\Delta z \Delta t}(w_{i,j+1}^{n} - w_{i,j+1}^{n-1} - w_{i,j-1}^{n} + w_{i,j-1}^{n-1})$$

$$- \frac{\mu}{k\Delta t}\left(\frac{1-\phi}{K_s} + \frac{\phi}{K_f}\right)p_{i,j}^{n-1} \qquad (4.2.12)$$

2. 求解流程

参考 Mercer 和 Barry(1999)的强隐式联立迭代算法(图 4.1),求解方程组 (4.2.10)~(4.2.12),同时获得某一时间步的 p,w 和 u。

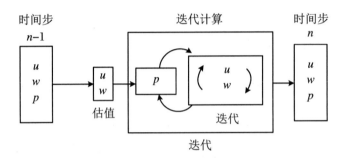

图 4.1　迭代算法流程图

不难发现,图 4.1 实际上就是图 3.19。为保持本小节的完整性和可读性,此处直接给出了图 4.1,而不是引用图 3.19。

3. 算法验证

根据如上算法编制相应 Fortran 程序(李贤桂,2010),并计算 Barry 和 Mercer (1999)中的算例 2,所得数值结果见图 4.2 中的点线,其中,实线是算例 2 的解析解。

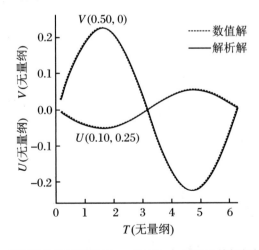

图 4.2　有限差分数值解与 Barry 和 Mercer(1999)的解析解的对比

由图 4.2 可见,两者吻合得很好。

4.2.3 算例分析

针对二维有限饱和软土层(图 4.3,具体参数见表 4.1),考察在上表面法向分布载荷 $q(x,t)$ 作用下地面的沉降变形。

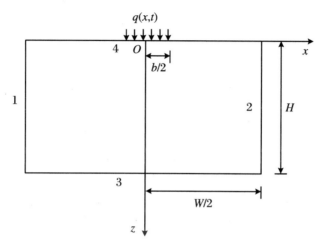

图 4.3　二维饱和软土层表面受法向载荷示意图

表 4.1　饱和软土层参数

参数	E	ν	ϕ	K_s	K_f
取值	3.949 45 MPa	0.25	0.52	48.55 MPa	1.362 MPa

参数	k	μ_f	H	b	W
取值	$1.574\,06 \times 10^{-17}$ m^2	2.0×10^{-4} Pa·s	10.0 m	1.0 m	11.0 m

1. 定解条件

渗流场和位移场初始条件见式(4.2.4)和式(4.2.5)。结合前文边界条件式(4.2.6)~式(4.2.9)给出图 4.3 所示矩形区域渗流场和位移场可能的边界条件。

侧面 1 和 2:

渗流场:

$$p(x,z,t)\big|_{x=\pm W/2} = 0 \qquad (4.2.13a)$$

位移场:

$$u(x,z,t)\big|_{x=\pm W/2} = 0 \qquad (4.2.13b)$$

$$w(x,z,t)\big|_{x=\pm W/2} = 0 \tag{4.2.13c}$$

下底面 3：

渗流场：

$$p(x,z,t)\big|_{z=H} = 0 \quad （自由透水） \tag{4.2.14a}$$

或

$$\frac{\partial p}{\partial z}\bigg|_{z=H} = 0 \quad （不透水） \tag{4.2.14b}$$

位移场：

$$u(x,z,t)\big|_{z=H} = 0 \tag{4.2.14c}$$

$$w(x,z,t)\big|_{z=H} = 0 \tag{4.2.14d}$$

上表面 4：

渗流场：

$$p(x,z,t)\big|_{z=0} = 0 \tag{4.2.15a}$$

或

$$\frac{\partial p}{\partial z}\bigg|_{z=0} = 0 \tag{4.2.15b}$$

土层上表面不妨假定满足滑移边界条件，即剪切力为零，正应力等于外载荷，位移场边界条件如下：

$$\frac{\partial u}{\partial z} + \frac{\partial w}{\partial x} = 0 \tag{4.2.15c}$$

$$2G\left(\frac{\partial w}{\partial z} + \frac{\nu}{1-2\nu}\varepsilon_V\right) - p = -q(x,t)\left[h\left(x+\frac{b}{2}\right) - h\left(x-\frac{b}{2}\right)\right] \tag{4.2.15d}$$

其中，$h(x)$ 为 Heaviside 单位阶跃函数，见前文的定义。

下面探讨如下不同边界条件组合对结果的影响：

① 上、下表面均自由透水；

② 上表面自由透水，下表面不透水；

③ 上表面两侧自由透水，中间受载区域不透水，下表面不透水；

④ 上、下表面均不透水。

孔隙弹性力学基础

2. 法向载荷效应分析

法向载荷分均布恒载和周期载荷两种情形。

(1) 均布恒载

图 4.4(彩图见 200 页)和图 4.5(彩图见 200 页)是恒载 $q = 6.5 \times 10^4$ Pa 时四种情况的计算结果。从整体来看,四种情况的最终沉降量是一致的,原因在于超静水压消散完毕(大致为 $t = 2 \times 10^8$ s)后,载荷最终都完全由土体骨架承担所致。在沉降初期曲线 1~4 均有下降的趋势,原因在于加载瞬时沉降已经发生,随后在短时间内孔隙水压力由零(初始条件给定)上升至超静水压,该过程中有效应力减小,土体膨胀,所以沉降量会随之变小。曲线 1~4 的趋势有所不同,曲线 4 显示沉降量一直减小,而曲线 1~3 显示沉降量先减小后增大,且曲线 3 和 4 的瞬时沉降量大于最终沉降量。对于情况 1 和 2,沉降量除初期变小外,主体呈现增大趋势,且最终沉降量是其最大沉降量(这亦可从图 4.5 情况 1 和 2 上表面沉降量的变化趋势得出),这是典型的超静水压消散效应导致沉降量增大的表现。而对于情况 3 和 4,从图 4.5 可见,其上表面受载区域初始沉降比最终沉降量要大,而两侧较最终沉降量小,其变化趋势是两侧受拉沉降变大而受载区域受拽沉降减小,这是典型的拖拽效应(Biot,1941b)的特征。以上两种效应对沉降的影响是相互竞争的,两者的强弱与土层透水性密切相关。由情况 1~4,边界透水性逐渐变差,超静水

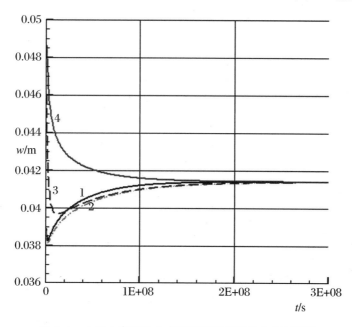

图 4.4　土层上表面中心点沉降随时间变化曲线(恒载)

压消散效应减弱,而拖拽效应增强,导致沉降呈现从曲线 1 至 4 的变化趋势。以图 4.4 中曲线 3 为例,前期超静水压影响范围小,中间受载区域不透水,故沉降趋势与曲线 4 接近,而后期随超静水压影响范围扩大,上表面两侧区域透水性起主要作用,故沉降趋势与 1/2 接近。

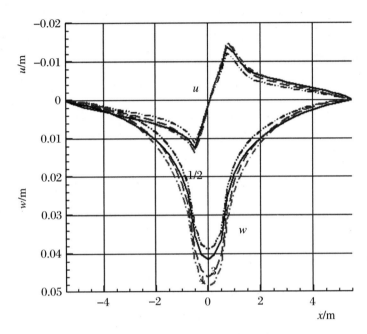

图 4.5 土层上表面沉降和侧向位移图

虚线为 $t = 1.0 \times 10^6$ s,黑色实线为 $t = 2 \times 10^8$ s,后者曲线 1~4 重合。

（2）周期载荷

周期载荷采用 Barry 和 Mercer(1999)的正弦函数形式,考虑到土体抗拉性能远不及抗压性能,因此在正弦载荷基础上叠加常数载荷 q（取值为 6.5×10^4 Pa）,使得不出现拉载荷,即

$$q(t) = q \cdot \left[\sin(\omega \tilde{t}) + 1\right] \tag{4.2.16}$$

其中,ω 为圆频率,$\tilde{t} = \dfrac{2G(1-\nu)k}{\mu\phi(1-2\nu)H^2} t$ 为无量纲化时间。

该情形下的计算结果见图 4.6~图 4.8。图 4.6（彩图见 201 页）显示的是 $\omega = 1$ 时四种情况的上表面中心点沉降量随时间的变化曲线,可见在 $t = 2 \times 10^8$ s 之后沉降量基本一致,四条曲线重合。而情况 4 在 $\omega = 1 \sim 10$ 时的计算结果见图 4.7,可见频率不同并不影响沉降幅值。图 4.8（彩图见 201 页）给出了情况 4 上表面中心点孔隙水压力随时间的变化曲线（$\omega = 20, 80, 320$）,可见频率越高,孔隙水压力幅值也越大。

　　孔隙弹性力学基础

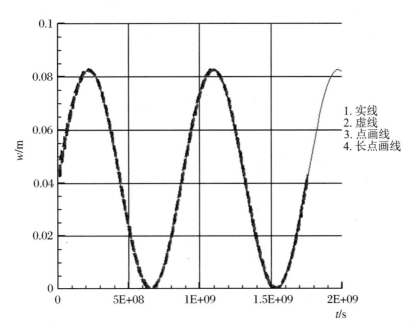

图 4.6　土层上表面中心点沉降随时间的变化（周期载荷）

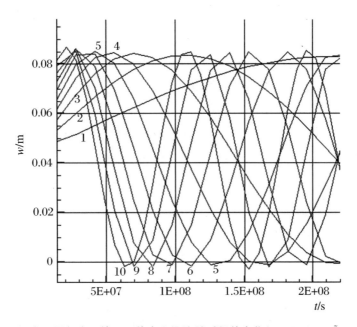

图 4.7　在不同频率下情况 4 的中心沉降随时间的变化（$\omega = 1 \sim 10, \Delta\bar{t} = 0.1$）

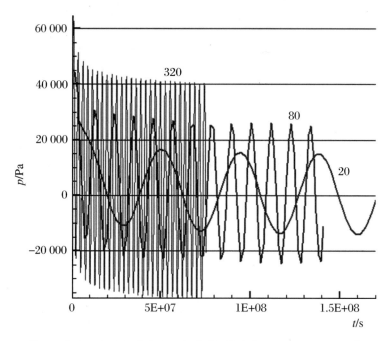

图 4.8　情况 4 上表面中心点孔隙水压力随时间的变化($\omega = 320,80,20, \Delta \bar{t} = 0.001$)

情况 1～3 对不同频率的响应因篇幅所限略去,其结果与图 4.7 和图 4.8 类似。

3. 小结

本小节以矩形区域受载沉降变形问题为例,选取了四种不同边界条件组合,就均布恒载和周期载荷两种情形分别进行了计算分析,得到以下结论:

(1) 土层最终沉降量由载荷与土体骨架性质决定,与边界透水性无关。

(2) 边界透水性虽不决定最终沉降量,却影响其变形发展过程。初期,受载区域的透水性起决定作用,待超静水压扩展到较大范围后,上表面两侧区域的透水性起决定作用。透水时超静水压消散效应较强,而不透水时拖拽效应较强。

(3) 周期载荷的频率不影响变形幅值,却影响孔隙水压力的变化幅值,频率越高,孔隙水压力的响应越接近于载荷。

4.2.4　剪切载荷作用分析

以上为表面法向载荷作用的结果,下面探讨表面剪切载荷或剪切载荷与法向载荷联合作用的情形。

　孔隙弹性力学基础

1. 问题描述

考察如图 4.9 所示的二维有限饱和软土层(具体参数见表 4.1)在上表面剪切载荷 τ 和法向载荷 $q(x,t)$ 作用下的沉降变形特征,并考虑四种不同边界条件组合(与 4.2.3 小节相同)对此问题的影响。

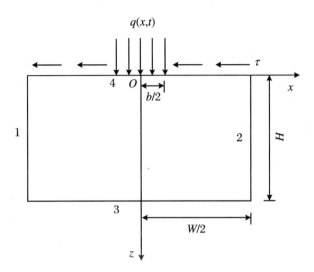

图 4.9　二维饱和软土层受载示意图

此处需要强调指出的是,在 4.2.3 小节中,因为考察的是土层上表面仅作用法向载荷的情形(即剪切载荷为 0),所以其上表面位移场边界条件如式(4.2.15c)和式(4.2.15d)所示。然而,在本小节中,我们需要考虑土层上表面剪切载荷 τ 的作用。因此相应地,式(4.2.15c)应修改为

$$\tau = G\left(\frac{\partial u}{\partial z} + \frac{\partial w}{\partial x}\right) \tag{4.2.17}$$

2. 计算结果及分析

假设整个土层上表面只受到剪切载荷 τ 的作用,且其大小为 5.0×10^4 Pa,土层上表面($z=0$)的位移曲线(即上表面竖向位移(沉降)w 和水平位移 u 与 x 的关系曲线)如图 4.10 中的 1-a～4-a 所示,其中数字 1～4 分别对应于前文四种边界条件组合,每幅图中不同曲线对应不同时刻,以细虚线标示发展过程,以粗实线标示最终稳定状态。图 4.10 中的 1-b～4-b 表达的是剪切载荷 τ(5.0×10^4 Pa)和法向均布载荷 q(6.5×10^4 Pa)联合作用下的土层上表面位移曲线。图 4.10 中的 1-c～4-c 是达到稳定状态时土层上表面的位移曲线,其中每幅图中有三对曲线,分别对

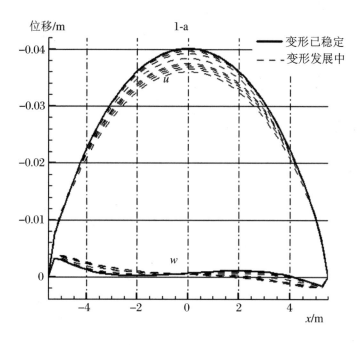

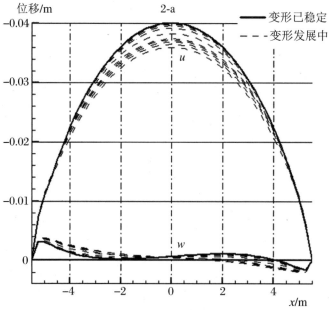

图 4.10　土层上表面位移曲线

a. 单独受剪切载荷；b. 受剪切载荷和法向载荷；c. 三者合一。

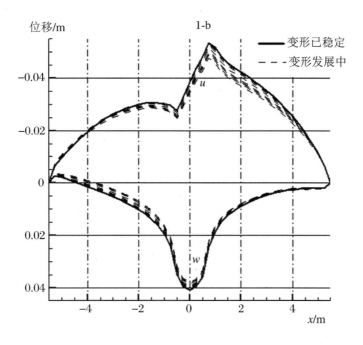

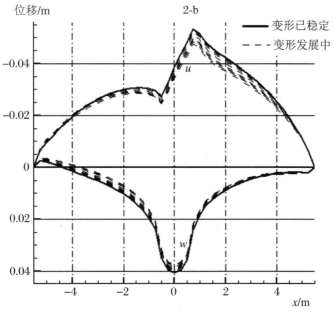

图 4.10(续)

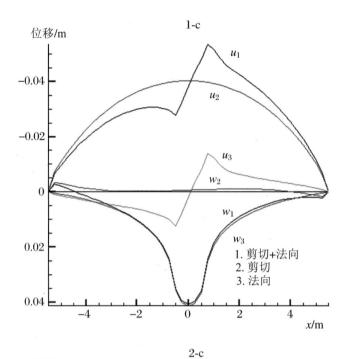

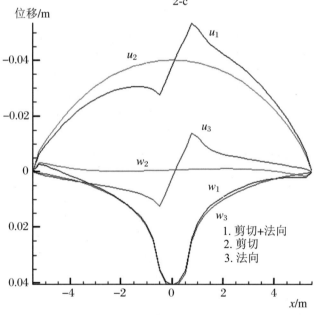

图 4.10(续)

孔隙弹性力学基础

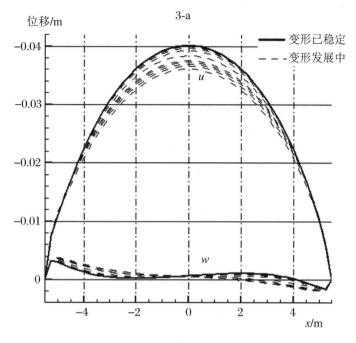

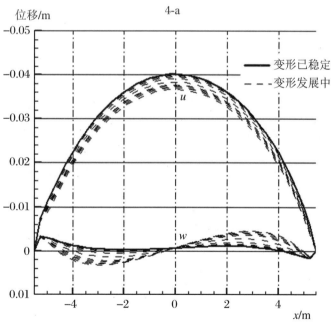

图 4.10(续)

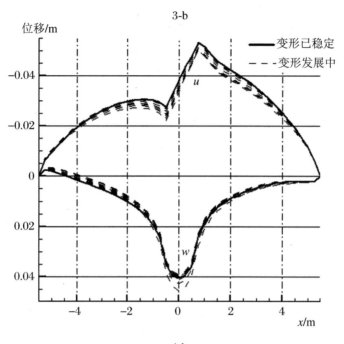

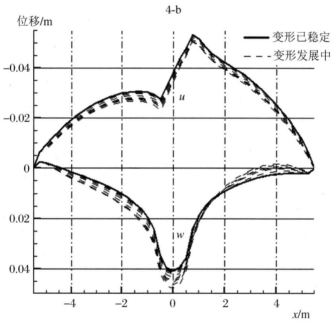

图 4.10(续)

孔隙弹性力学基础

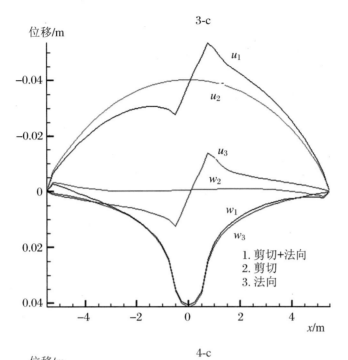

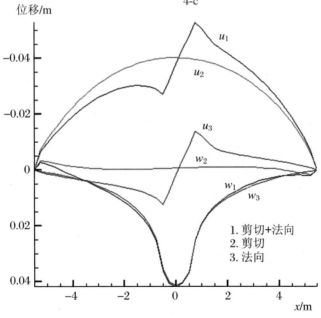

图 4.10(续)

应于剪切载荷单独作用、法向均布载荷单独作用以及剪切载荷和法向均布载荷联合作用。

首先分析剪切载荷单独作用下的土层变形特点。从图 4.10 中的 1-a～4-a 可以看出,在剪切载荷单独作用下水平位移较大,这容易理解,因为它与人们的常识相吻合。值得指出的是,尽管没有法向载荷作用,但是也有竖向位移(有正有负)产生(虽然较小)。沉降产生的原因在于土体的沉降 w 和水平位移 u 两者是相互耦合的,这不仅体现在控制方程(4.2.1)～(4.2.3)中,也体现在边界条件式(4.2.17)中。接下来观察土体表面位移曲线随时间的变化,不难发现,在剪切载荷单独作用下,u 的绝对值均随时间增加而逐渐增大(方向向左,为负),但情况 4 的增加幅度明显比其他三者小;而至于 w 的变化,情况 1～3 下均呈逆时针变化,而情况 4 下呈顺时针变化。以上变化特点说明了表面的透水性质决定了其变形模式,不透水的上表面使情况 4 的反应更像柔软的弹性体。然而同时观察对比 1-a～4-a 中稳定状态的位移曲线,却容易发现四种情况下的土体最终位移是相同的。这一点解释如下:尽管四种情况边界条件不同会导致各自前期的固结变形过程有所不同,但是当超静水压力消散完毕后,载荷最终都将完全由土体骨架所承担,所以四种情况对应的土体最终变形量应该相同。

至于法向载荷作用下土体的固结变形特征,4.2.3 小节已做了详细分析,此处不再赘述。简言之,处于稳定状态时上表面位移曲线如图 4.10 中 1-c～4-c 的 u_3 和 w_3 曲线所示。很显然,它与剪切载荷单独作用下的变形特征(如图 4.10 中 1-c ～4-c 的 u_2 和 w_2)有着非常明显的区别。比如,对于竖向位移,如上所述剪切载荷效应(w_2)较小,而法向载荷对沉降的贡献(w_3)最大,两者有量级的差别;而对于水平位移,剪切载荷作用下的水平位移 u_2 向左为负,呈拱形,而法向载荷导致的水平位移 u_3 则是中心对称的闪电形,两者的量级基本相同。

现在我们再来分析剪切载荷和法向载荷联合作用的情形。观察图 4.10 中的 1-b～4-b,可见两者联合作用下水平位移呈弯曲的"之"字形,而竖向位移则呈抛物形;另外观察图 4.10 中的 1-c～4-c,容易得到 $u_1 = u_2 + u_3$,$w_1 = w_2 + w_3$。这表明,剪切载荷和法向载荷联合作用下的土层位移,等于剪切载荷和法向载荷单独作用下各自位移的代数和,即完全符合叠加原理。这一点是由本节所采用的 Biot 固结方程(4.2.1)～(4.2.3)的线性本质所决定的。

3. 小结

本小节以有限矩形区域饱和土层上表面承受恒定剪切载荷为例,选取了四种不同边界条件组合,对土层的沉降变形进行了计算和分析,并得到如下结论:

（1）土层最终变形量由载荷及土体物性决定，与上、下边界的透水性无关。

（2）边界条件虽不决定土体最终变形量，却影响其变形发展过程。

（3）在剪切载荷作用下，土体水平位移较大，竖向位移虽然较小，但却客观存在。

（4）叠加原理适用于二维有限区域饱和软土 Biot 固结问题。

4.3 其他方法

4.3.1 边界元法

边界元法（Boundary Element Method，BEM）是 20 世纪 70 年代继有限元法之后发展起来的一种数值计算方法，与有限元法相比，它有着数学原理简单、处理问题过程简洁、降低问题维数及数值精度较高等特点。近些年来，边界元法已经在各学科中得到应用。

在利用边界元法处理 Biot 固结方面，已有不少工作报道（Kuroki et al.，1982；Cheng，Liggett，1984；林丰，陈环，1987；Cheng，Detournay，1988）。

林丰和陈环（1987）推导了 Biot 线性固结理论的边界积分方程，经数值离散后应用于求解真空压力和堆载压力作用下的软黏土砂井地基固结变形的平面应变问题。工程实例计算结果表明，边界元法数值解与实测值以及有限元计算结果基本吻合，并具有较高的精度。

Cheng 和 Detournay（1988）提出了一种求解平面应变孔隙弹性问题的直接边界元法。其解析解（包括位移场、应力场、孔隙流体压力场以及流量场的积分表达式）是在拉普拉斯变换域上的，因此可通过拉普拉斯数值反演得到时域上的解。该文利用 Mandel 问题（内部域）和远场地应力作用下钻孔问题（外部域）的解析解对其提出的边界元算法及解答进行了验证。该文表明，边界元法和拉普拉斯变换（及数值反演）相结合是求解和分析孔隙弹性边值问题的一种强有力的方法。

在处理孔隙弹性问题时，为简便起见，多孔介质通常假设为线弹性介质，即孔隙线弹性问题，或称为 Biot 线性固结问题。然而，实际多孔介质的力学行为可能更为复杂，其本构关系不一定是线弹性的，也可能是非线性的，例如常见的弹塑性本构或黏弹性本构等。Benallal 等（2008）针对弹塑性本构模型，考虑了固体骨架的应变率效应,给出了饱和多孔介质固结问题的边界元法。

在边界元法中,边界积分方程的数值离散通常是算法的重点。关于数值离散的具体细节可参考以上所列相关文献。另外值得一提的是,目前 Elsevier 出版有专业刊物 *Engineering Analysis with Boundary Elements*。该刊物一直致力于利用边界元法和其他网格缩减方法进行工程分析新进展的传播,目前由 Alexander H.-D. Cheng 教授担任主编。

4.3.2 离散元法

离散元法(Discrete Element Method,DEM)是一种处理不连续介质问题的数值方法,它最初由 Cundall(1971)提出用于分析岩石力学问题,后来被广泛应用于模拟岩土体等各种固体离散(颗粒)材料。它的基本思想是先把不连续体分离为刚性粒子/元素的组合,使每个刚性粒子满足运动方程,然后利用时步迭代的方法求解各刚性粒子的运动方程,进而求得不连续体的整体运动形态。离散元法允许粒子之间的相对转动、滑动乃至块体的分离,不一定要求满足位移连续和变形协调条件,尤其适合求解大变形和非线性问题。粒子之间接触力的大小由力-位移定律决定,称为接触模型。目前,有多种接触模型来模拟不同性质的土体和岩石。由接触力和体力引起的粒子运动遵循牛顿第二定律。

如上所述,离散元法是分析固体离散材料力学行为的一种数值方法。而孔隙弹性问题是一种典型的多孔介质内部的流固耦合问题。如果利用离散元法处理孔隙弹性问题,那么势必需要结合流体(渗流)力学处理方法,例如经典的计算流体动力学方法(CFD)、孔隙网格模型(PNM)(Blunt et al.,2002)和格子玻尔兹曼方法(LBM)(Qian et al.,1992;Huang et al.,2015)等,才能处理其中的流体力学和流体-固体相互作用(即流固耦合)问题。鉴于此处研究对象为多孔介质,而孔隙网格模型和格子玻尔兹曼方法的显著优势之一即是特别适合描述复杂的多孔介质及其内部多相孔隙流体流动,因此,从这种意义上来说,可能 PNM-DEM 和 LBM-DEM 分析孔隙弹性问题的适用性会更好一些。除上述经典处理方法外,近年也出现了一些新型处理方法,例如张丰收等(2020)提出的动态流体网格方法(DFM)。该方法计算效率高,较好地解决了粗颗粒孔隙尺度上的流体流动和内部侵蚀问题。

然而需要明确的一点是,上述流体离散元耦合方法(如 CFD-DEM,PNM-DEM,LBM-DEM,DFM-DEM 和 DFM-DEM 等)各有自己的优缺点和适用场景,目前还没有哪一种方法可适用于所有的应用场景。

4.3.3 商业软件

1. Dynaflow

Dynaflow 软件是普林斯顿大学 Jean H. Prévost 教授研究小组自 20 世纪 80 年代初开发的通用有限元分析软件（Prévost,1981）。它特别适用于处理多物理场耦合问题（如热流固耦合），其准确性和可靠性在 40 年间已得到土木工程和石油工程等领域学术界和工业界的认可。例如,3.3.5 小节给出了有限矩形区域流体饱和多孔介质由表面载荷诱发的平面应变孔隙弹性的一个解析解,并利用 Dynaflow 软件实现了对该问题的有限元模拟和算例验证（Li et al.,2017）。

2. FLAC

相比于有限元法和传统有限差分法,FLAC/FLAC3D（Fast Lagrangian Analysis of Continua）是由 Itasca 公司（其创始人为英国皇家学会会员 Peter Cundall 教授,曾任 *International Journal for Numerical and Analytical Methods in Geomechanics* 主编）研发推出的一种新型连续介质力学数值分析软件,目前已在全球 70 多个国家和地区得到广泛应用,在国际岩土工程学术界和工业界享有盛誉。它的本质是一种显式拉格朗日有限差分法,因此不需要求解大型联立方程组（或刚度矩阵）,而且适用于多种材料模式与复杂边界及非规则区域问题的求解,并能处理大应变问题,特别适合模拟岩土等多孔材料构成的结构体的变形和破坏行为（黄润秋,徐强,1995;陈育民,徐鼎平,2009）。目前,FLAC 已成为岩土力学领域广泛使用的数值分析软件之一。

鉴于 FLAC 软件内核对于流固耦合的处理是基于 Biot 固结理论的（陈育民,徐鼎平,2009）,因此可以利用 FLAC 软件来模拟孔隙弹性问题。

3. ABAQUS

目前,ABAQUS 有限元分析软件可以实现饱和/非饱和土体固结的模拟分析。采用 ABAQUS 中的流体渗流-应力耦合分析步（费康,张建伟,2010;徐振华,2015）即可进行固结计算。

（1）分析类型

分析类型包括稳态分析和瞬态分析,稳态分析中把流体的体积、流动速度等当成不变量,不随时间而变化。有两种方式可以创建稳态分析步:第一种是在

ABAQUS/CAE 中创建;第二种是在 ABAQUS 的 inp 文件中进行定义。瞬态分析中能够计算土体位移和孔隙压力随时间的变化过程。创建瞬态分析的方式与稳态分析一样,可通过 ABAQUS/CAE 的 inp 文件进行定义。

(2) 时间步长选择

在瞬态分析中,ABAQUS 的通用模块解连续性方程采用的是向后差分法,确保了求解的稳定性,在此只要注意孔隙压力对时间的积分精确性。假如时间步长太小,会引起孔隙压力波动异常,导致模拟失真或难以收敛。ABAQUS 中给出了稳定时间步长的最小值:

$$\Delta t > \frac{\gamma_{w}}{6Ek}\left(1 - \frac{E}{K_{b}}\right)^{2}(\Delta l)^{2} \qquad (4.4.1)$$

式中,Δt 为时间增量步长,γ_{w} 为孔隙流体容重,E 为土体杨氏模量,k 为土体渗透系数,K_{b} 为土体体积弹性模量,Δl 为典型的单元尺寸。

在 ABAQUS 中进行固结计算时,通常会使用自动时间步长,因为当固结过程进行到后期时,土体内孔隙流体压力的变化会变小,故可以选取相对较大的时间步长。假如使用固定步长,会引起非必要的计算时间耗费。

在 ABAQUS/Standard 中可求解轴对称、平面应变与三维的流体渗流-应力耦合分析问题。其求解应用的单元与普通力学解析中的连续单元的结构大致相似,不同的地方在于 ABAQUS 中使用的单元拥有孔隙压力自由度,如四节点孔隙压力单元采用 CEP4P 表示。

(3) 载荷和边界条件

除了常规的位移和载荷边界条件外,还可以对孔隙压力进行相应边界条件的设置,如在透水面上设置孔隙压力为零。

(4) 初始条件

土体在加载前需要确定其初始应力状态,这通常需要给定土体初始孔隙比、初始孔隙压力和初始有效应力的分布。在最初阶段,土体受重力作用,在 ABAQUS 中采用 Geostatic 分析步来设置初始平衡状态,使得初始应力与重力互相平衡,而且不发生位移。但是对于复杂的问题,设置精确的初始应力并不简单,ABAQUS 中的通用模块通过迭代在 Geostatic 分析步中建立与边界条件和载荷相对应的初始应力状态。

(5) 输出变量

除了常规(有效)应力和应变等变量之外,针对流体渗流/应力耦合分析,ABAQUS/Standard 还可输出表 4.2 所列的单元输出变量。

表 4.2　固结计算中的单元输出变量

变量名称	含　义
VOIDR	孔隙比
POR	单元积分点的孔隙压力
SAT	饱和度
GELVR	固体占总体积的比例
FLUVR	液体占总体积的体积比
FLVER	孔隙流体的速度分量及大小

除了常规位移和节点反力外,针对流体渗流/应力耦合分析,ABAQUS/Standard 还可输出表 4.3 所列的节点输出变量。

表 4.3　固结计算中的节点输出变

变量名称	含　义
POR	节点处的孔隙压力
RVF	流量
RVT	渗透量,即 RVF 对时间的积分

ABAQUS 具有强大的饱和/非饱和土体固结计算功能,可以设置不同的土体本构关系和各种类型的边界条件,具有很强的专业性和适用性。

徐振华(2015)利用 ABAQUS 对饱和土体一维和二维固结问题进行了数值分析。首先将一维固结理论的解析解与 ABAQUS 数值解进行对比,验证了 ABAQUS 一维固结数值解的可靠性。然后重点探讨了不同类型载荷和边界透水性对土体固结变形的影响。结果表明,土体边界透水性对于土体最终固结沉降没有影响,但是透水性不同却影响土体沉降发展变化过程。透水性越差,土层沉降就越缓慢。当法向载荷单独作用于土体时,土体也会产生水平位移,这印证了竖直位移和水平位移是相互耦合的。当剪切载荷与法向载荷同时作用时,土层上表面的位移等于法向载荷与剪切载荷分别单独作用时各自使土层产生的位移数值和,这与叠加原理完全符合。以上分析中假设土体符合线弹性本构关系,且为均质和各向同性介质。之后,该学位论文还对饱和土体弹性和渗透率为正交各向异性情形进行了研究。

以上简述了利用 ABABQUS 处理固结问题的基本方法。读者如果对其中细节感兴趣,可参考徐振华(2015)或费康和张建伟(2010)。

李培超和徐振华(2016)推导给出了有限矩形区域内饱和多孔介质由表面

载荷诱发的 Biot 固结的一个解析解，并利用 ABAQUS 对该解析解进行了数值验证。

4. COMSOL Multiphysics

COMSOL Multiphysics 软件擅长多物理场耦合分析，可处理孔隙弹性/流固耦合渗流问题，而且该软件已开发有 Biot 孔隙弹性问题的现成案例，可参考其 biot_poroelasticity.mph 和 models.ssf.biot_poroelasticity.pdf。笔者使用该软件开展过孔隙弹性问题或热孔隙弹性（温度场-渗流场-应力场耦合）问题等的数值模拟。例如，李培超等（2017）推导得到了由流体开采诱发有限半径轴对称储层孔隙弹性问题的解析解，并利用该软件对该问题进行了数值模拟，得到了有限元数值解。

参 考 文 献

Sandhu R S, Wilson E L, 1969. Finite element analysis of seepage in elastic media[J]. Journal of the Engineering Mechanics Division, ASCE, 95(3):641-652.

Prévost J H, 1983. Implicit-explicit schemes for nonlinear consolidation[J]. Computer Methods in Applied Mechanics and Engineering, 39:225-239.

Zienkiewicz O C, Shiomi T, 1984. Dynamic behavior of saturated porous media: The generalized Biot formulation and its numerical solution[J]. International Journal for Numerical and Analytical Methods in Geomechanics, 8(1):71-96.

Li X K, Zienkiewicz O C, Xie Y, 1990. A numerical model for immiscible two-phase fluid flow in a porous medium and its time domain solution[J]. International Journal for Numerical Methods in Engineering, 30(6):1195-1212.

Lewis R W, Schrefler B A, 1998. The finite element methods in the static and dynamic deformation and consolidation of porous Media[M]. 2nd ed. Chichester: John Wiley & Sons, Ltd.

钱家欢, 殷宗泽, 1994. 土工原理与计算[M]. 2版. 北京: 中国水利水电出版社.

Verruijt A, 2016. Theory and problems of poroelasticity[M/OL]. Delft: Delft University of Technology. http://geo.verruijt.net/.

Lewis R W, Schrefler B A, 1978. Fully coupled consolidation model of the subsidence of Venice[J]. Water Resources Research, 14(2):223-230.

Gutierrez M S, Lewis R W, 2002. Coupling of fluid flow and deformation in underground formations[J]. Journal of Engineering Mechanics,128(7):779-787.

Settari A,Walters D A,Stright D H,et al. ,2008. Numerical techniques used for predicting subsidence due to gas extraction in the North Adriatic Sea[J]. Petroleum Science and Technology,26:1205-1223.

骆祖江,刘金宝,李朗,等,2006.深基坑降水与地面沉降变形三维全耦合模型及其数值模拟[J].水动力学研究与进展(A辑),21(4):57-63.

骆祖江,刘金宝,李朗,2008.第四纪松散沉积层地下水疏降与地面沉降三维全耦合数值模拟[J].岩土工程学报,30(2):193-198.

李培超,孔祥言,卢德唐,2003.饱和多孔介质流固耦合渗流数学模型[J].水动力学研究与进展(A辑),18(4):419-426.

Zienkiewicz O C,Taylor R L,Zhu J Z,2005. The finite element method:Its basis and fundamentals[M]. 6th ed. Oxford:Elsevier.

Hughes T J R,2000. The finite element method:Linear static and dynamic finite element analysis[M]. New York:Dover Publications.

Mercer G N,Barry S I,1999. Flow and deformation in poroelasticity:II numerical method [J]. Mathematical and Computer Modeling,30(9):31-38.

李培超,李培绪,李贤桂,2012.二维有限区域饱和软土 Biot 固结的数值模拟[J].应用力学学报,29(4):458-462.

Biot M A,1941a. General theory of three-dimensional consolidation[J]. Journal of Applied Physics,12:155-164.

李培超,李贤桂,龚士良,2009.承压含水层地下水开采流固耦合渗流数学模型[J].辽宁工程技术大学学报(自然科学版),28(S):249-252.

李培超,李贤桂,2010.二维有限饱和多孔介质流动变形耦合数值模拟[J].上海大学学报(自然科学版),16(6):655-660.

李贤桂,2010.二维多孔介质流动变形耦合数值模拟[D].上海:上海大学.

Barry S I,Mercer G N,1999. Exact solutions for two-dimensional time-dependent flow and deformation within a poroelastic medium[J]. Journal of Applied Mechanics,66:536-540.

Biot M A,1941b. Consolidation settlement under a rectangular load distribution[J]. Journal of Applied Physics,12(5):426-430.

Kuroki T,Ito T,Onishi K,1982. Boundaryelement method in Biot's linear consolidation [J]. Applied Mathematical Modelling,6:105-110.

Cheng A H D,Liggett J A,1984. Boundary integral equation method for linear porouselasticity with applications to soil consolidation[J]. International Journal of Numerical Methods in Engineering,20:255-278.

林丰,陈环,1987.真空和堆载作用下砂井地基固结的边界元分析[J].岩土工程学报,9 (4):13-22.

Cheng A H D,Detournay E,1988. A direct boundary element method for plane strain poroelasticity[J]. International Journal for Numerical and Analytical Methods in Geomechanics,12:551-572.

Benallal A,Botta A S,Venturini W S,2008. Consolidation of elastic-plastic saturated porous media by the boundary element method[J]. Computer Methods in Applied Mechanics and Engineering,197(51/52):4626-4644.

Cundall P A,1971. A computer model for simulating progressive large scale movements in blocky rock systems[C]//Proceedings of the Symposium of the International Society for Rock Mechanics, Nancy:Paper no. Ⅱ-8.

Blunt M J,Jackson M D,Piri M,et al,2002. Detailed physics,predictive capabilities and macroscopic consequences for pore-network models of multiphase flow[J]. Advances in Water Resources,25:1069-1089.

Qian Y H,Humières D D,Lallemand P,1992. Lattice BGK models for Navier-Stokes equation[J]. Europhysics Letters,17:479-484.

Huang H B,Sukop M C,Lu X Y,2015. Multiphase lattice Boltzmann methods:Theory and application[M].Chichester:John Wiley & Sons,Ltd.

Zhang F,Wang T,Liu F,et al. ,2020. Modeling of fluid-particle interaction by coupling the discrete element method with a dynamic fluid mesh:Implications to suffusion in gap-graded soils[J].Computers and Geotechnics,124:1-13.

Prévost J H,1981. DYNAFLOW:A nonlinear transient finite element analysis program [OL]. (2016). Department of Civil and Environmental Engineering,Princeton University. http://www. princeton. edu/~dynaflow/.

Li P C,Wang K Y,Lu D T,2017. Analytical solution of plane-strain poroelasticity due to surface loading within a finite rectangular domain[J]. International Journal of Geomechanics,17(4):04016089.

Board M,1987. Fast Lagrangian Analysis of Continua[M]. Itasca Consulting Group,Inc.

黄润秋,许强,1995.显式拉格朗日差分分析在岩石边坡工程中的应用[J].岩石力学与工程学报,14(4):346-354.

陈育民,徐鼎平,2009.FLAC/FLAC3D 基础与工程实例[M].北京:中国水利水电出版社.

费康,张建伟,2010.ABAQUS 在岩土工程中的应用[M].北京:中国水利水电出版社.

徐振华,2015.有限二维区域流固耦合渗流问题的 ABAQUS 模拟[D].上海:上海工程技术大学.

李培超,徐振华,2016.有限二维饱和多孔介质因载荷诱发 Biot 固结的解析解[J].岩土力学,37(9):2599-2602.

Li P C, Wang K Y, Fang G K, et al., 2017. Steady-state analytical solutions of flow and deformation coupling due to a point sink within a finite fluid-saturated poroelastic layer [J]. International Journal for Numerical and Analytical Methods in Geomechanics, 41 (8):1093-1107.

第 5 章　实验和测试方法

5.1　孔隙弹性实验方法

如前文所述,孔隙弹性理论起源于 Biot 对于土体固结问题的研究。而在岩土力学领域,早已有很多传统的土工试验仪器和设备,它们可用于测量多孔介质(如土体)的相关孔隙弹性力学参数,例如 Biot 孔隙弹性系数(Walsh,1981;Warpinski,Teufel,1993;Hart,Wang,2001;程远方等,2015),然而难以实时测量或监测多孔介质内部的流动和变形耦合特征(即孔隙压力场和位移场及它们的分布特征和演化特征)。换言之,Biot 三维固结试验仪及配套监测设备还鲜见报道。

5.2　Biot 孔隙弹性系数测试方法

根据第 2 章,我们知道 Biot 孔隙弹性系数即有效应力系数,一般用 α 或 α_B 表示。

自 Biot 孔隙弹性理论建立以来,已有不少学者对如何确定 α 进行了研究,目前有几种常见的测量或确定 α 的方法,例如排水实验法、基于岩芯渗透率变化的交会图(cross-plotting)法和声波动态法。

首先,我们再次给出 α 的定义如下(见 2.1.1 小节和 3.2.4 小节):

$$\alpha = 1 - \frac{K}{K_s} \tag{5.2.1}$$

其中，K 为多孔介质体积弹性模量（或以 K_b 表示），$K = \dfrac{E}{3(1-2\nu)}$，K_s 为多孔介质骨架颗粒的体积弹性模量。

根据上述定义，不难看出，如果我们能够测量出 K 和 K_s，那么即可利用式 (5.2.1) 换算得到 α。因此确定 α 的一种最直接的方法即测量出 K 和 K_s。排水实验法即是基于这种测试机制的方法，其测试方案如下：在岩石力学三轴实验系统上先开展："jacketed"实验，套封岩芯，保持孔隙压力 p 不变而围压 σ_c 以 0.005 MPa/s 的速率增加，则实验中体积应变 ε_V 与围压 σ_c 的关系曲线的斜率即为岩芯岩石体积弹性模量 $K_b(K)$；再进行"unjacketed"实验，即将岩芯自由放置，围压 σ_c 与孔隙压力 p 以相同速率（0.005 MPa/s）加载，则体积应变 ε_V' 与围压 σ_c 的关系曲线的斜率即为岩石固体介质组成材料（骨架颗粒）的体积弹性模量 K_s。据此，再将 K 和 K_s 代入定义式 (5.2.1)，即得到 Biot 系数值。

关于交会图法（Walsh，1981），其基本假设为在相同有效应力条件下，岩芯渗透率也相同。采用流固耦合压力传递试验仪，参照中国石油天然气行业标准 SY/T 5358—2010，加载一定的围压和孔隙压力开展试验，岩芯渗透率将随围压和孔隙压力变化而变化。选取不同大小的渗透率作为参考值，针对每一个渗透率可以得到不同控制压力（围压）与孔隙压力值的组合，通过拟合关系得到围压和孔隙压力线性关系的斜率值，该斜率值即为岩芯的有效应力系数。

根据有效应力原理，我们有

$$\sigma_c = \sigma' + \alpha p \tag{5.2.2}$$

其中，σ' 为岩芯有效应力。

根据交会图法的基本假设，岩芯渗透率是其有效应力的单值函数。对于同一个渗透率，虽然实验围压和孔隙压力可以有不同的组合，但是其有效应力是相同的。换言之，在同一个岩芯渗透率情形下，式 (5.2.2) 中的有效应力 σ' 是一个常数。此时，对式 (5.2.2) 两边微分，可得

$$\mathrm{d}\sigma_c = \alpha \cdot \mathrm{d}p \tag{5.2.3}$$

式 (5.2.3) 可进一步改写为

$$\alpha = \frac{\mathrm{d}\sigma_c}{\mathrm{d}p} \tag{5.2.4}$$

即在同一个岩芯渗透率情形下，岩芯围压和孔隙压力呈线性关系，而其斜率即为岩芯的有效应力系数 α。因此交会图法实际上运用了图版方法，对实验限制相对较少，可更直观地获得岩芯的有效应力系数。

程远方等（2015）对不同渗透性天然岩芯分别采用排水实验法、交会图法和声波动态法测试其 Biot 系数并开展了评价。其实验结果显示，对于中高渗岩芯诸如砂岩、粉砂岩等推荐采用排水实验法来获取 Biot 系数，而对于泥页岩、灰岩、致密油气储层等低渗、超低渗岩芯则建议通过交会图法来测试 Biot 系数。

Biot 孔隙弹性系数的合理测定是准确获取多孔介质有效应力的前提，其研究成果将为深入剖析多孔介质的孔隙弹性和井壁稳定性研究等提供可靠的理论依据。

影响 Biot 系数大小的因素多种多样，其外部影响因素主要是有效应力的大小、实验加载速率和测试方案等，而内部因素有孔隙度大小、岩石组分与孔隙流体类型等。

5.3 渗流场分布实时测量系统

许江等（2010，2012）在国内较早自主研发了含瓦斯煤热流固耦合三轴伺服渗流装置，可开展含瓦斯煤在不同围压和不同温度条件下的渗透试验，研究含瓦斯煤的渗透性、变形特性等，为深入揭示煤层瓦斯运移规律和研究煤层瓦斯抽采技术提供了理论基础。然而，该试验装置无法实现对含瓦斯煤内部瓦斯压力（即孔隙流体压力）分布的实时测量。为了更系统地研究温度场渗、流场和应力场的分布特征，需要添加温度场和孔隙压力场测量模块。鉴于此，笔者参考借鉴其伺服装置，设计了如下试验装置。

在实验室原有大型 GDS 三轴仪基础上，添加温控系统、测温系统和测压系统，改造为温控饱和多孔介质热流固耦合渗流试验装置，以实现可控制试验温度下的热流固耦合渗流的测量。

该试验装置示意图如图 5.1（彩图见 202 页）所示，主要由四部分构成，依次说明如下：

（1）三轴仪

该三轴试验系统是英国 GDS 公司专门针对大尺寸试样研发的科研级大型三

轴试验仪,其最大试样尺寸为∅300 mm×450 mm,可完成饱和固结、标准三轴、动态三轴、高级加载、应力路径等多种试验。此处用于重塑饱和软黏土试样(∅100 mm×150 mm)的热固结试验。

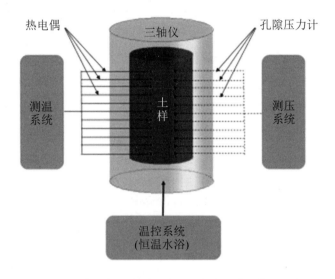

图 5.1 温控饱和多孔介质热流固耦合渗流试验装置示意图

(2)温控系统

该渗流试验装置的温控系统由大型恒温水浴装置实现。考虑到试样尺寸(体积)较大和温度控制精度要求,购置一台 Brookfield TC-250SD 恒温水浴。该水浴容量大(10 L),可提供试样由室温加热到 100 ℃ 的环境。由于采用循环水泵等技术,可实现加温的均匀性和稳定性,其温度控制误差为 ± 0.04 ℃,精度高,同时自带数据实时采集和监控系统。

(3)测温系统

试样的测温系统主要由传感器(K 型热电偶)和数据采集系统组成。采用 K 型热电偶测量土样温度分布。将热电偶探针直接插入试样中,这些热电偶沿着试样高度(150 mm)方向均匀等距分布,从而测定试样轴向 10 处截面的温度值,并将所测得数据传输到测温系统。

(4)测压系统

试样内部孔隙流体压力由孔隙压力计测量。考虑到试样尺寸及精细测量的要求,采用 GE-Druck 公司生产的 PDCR81 微型孔隙水压力传感器(∅6.4 mm×11.4 mm),在试样内部均匀布置 10 个左右的测点,并埋置该微型孔压计,以测量孔隙压力分布。该孔压计的特点是体积小、重量轻、结构紧凑、坚固耐用,具有优良的动静态特性,测量精度高,已成功应用于地基基础、大坝、桥梁、铁路等现场试验和模型试验中孔隙水压力的测试。其输出的电压信号可直接与数据采集系统连接构成测压系统,实现数据自动采集和处理。

另外,关于试样位移场(应变)的监测,考虑到当前很少有可用的植入式位移传感器,这里仅测量试样表面位移或体应变,该测量可利用三轴仪自带的变形测量装置来实现。

上述饱和多孔介质(例如重塑饱和软黏土试样)孔隙弹性参数和热物性参数的初始值由室内土工试验和热分析仪测定。

参 考 文 献

Walsh J B,1981. Effect of pore pressure and confining pressure on fracture permeability [J]. International Journal of Rock Mechanics and Mining Sciences & Geomechanics Abstracts,18(5):429-435.

Warpinski N R,Teufel L W,1993. Laboratory measurements of the effective-stress law for carbonate rocks under deformation[J]. International Journal of Rock Mechanics and Mining Sciences & Geomechanics Abstracts,30(7):1169-1172.

Hart D J,Wang H F,2001. A single test method for determination of poroelastic constants and flow parameters in rocks with low hydraulic conductivities[J]. International Journal of Rock Mechanics and Mining Sciences,38(4):577-583.

程远方,程林林,黎慧,等,2015.不同渗透性储层 Biot 系数测试方法研究及其影响因素分析[J].岩石力学与工程学报,34(S2):3998-4004.

许江,彭守建,尹光志,等,2010.含瓦斯煤热流固耦合三轴伺服渗流装置的研制及应用[J].岩石力学与工程学报,29(5):907-914.

许江,陶云奇,尹光志,等,2012.含瓦斯煤 THM 耦合模型及实验研究[M].北京:科学出版社.

第 6 章 总结和展望

本书对孔隙弹性力学基础理论、解析解进展、相关数值求解方法以及实验测试方法进行了简要论述。

为简单起见，通常将多孔介质假设为各向同性、均质线弹性和小变形材料。至于各向异性多孔介质、非均质性多孔介质、功能梯度多孔材料、大变形多孔介质、分层多孔介质和多孔介质的复杂本构关系（例如黏弹性或弹塑性）及变物性参数等诸多复杂情况，可在本书基础上予以适当拓展并顺利开展相关研究。例如，基于本书所给出的各向同性多孔介质的研究结果和处理方法，结合多孔介质各向异性特征（Biot，1955；Tarn，Lu，1991；Cheng，1997；Ai，Wu，2009；Chen，Abousleiman，2010），可进一步推广应用于各向异性孔隙弹性情形。

孔隙弹性力学（流固耦合渗流）理论是多孔介质热流固耦合渗流理论的基础。而当前基于局部热非平衡（Local Thermal Non-Equilibrium，LTNE）框架下的多孔介质热流固耦合渗流理论还有待进一步发展。笔者正在此方面积极开展工作，期待不久的将来能够有所进展，并会及时分享给读者。

目前在孔隙弹性力学实验技术方面，主要集中于相关静态参数的测试。而时变孔隙弹性力学行为（孔隙流体压力和骨架变形应力）的实时伺服可视化监测手段以及精细测量方法和装置仍亟待突破和发展，这方面还需依赖于学术界和工业界的协同创新和努力。

参 考 文 献

Biot M A,1955. Theory of elasticity and consolidation for a porous anisotropic solid[J].
  Journal of Applied Physics,26(2):182-185.

Tarn J Q,Lu C C,1991. Analysis of subsidence due to a point sink in an anisotropic porous
  elastic half space[J]. International Journal for Numerical and Analytical Methods in
  Geomechanics,15(8):573-592.

Cheng A H D,1997. Material coefficients of anisotropic poroelasticity[J]. International
  Journal of Rock Mechanics and Mining Science,34:199-205.

Ai Z Y,Wu C,2009. Plane strain consolidation of soil layer with anisotropic permeability
  [J]. Applied Mathematics and Mechanics-English Edition,30(11):1437-1444.

Chen S L,Abousleiman Y,2010. Time-dependent behaviour of a rigid foundation on a
  transversely isotropic soil layer[J]. International Journal for Numerical and Analytical
  Methods in Geomechanics,34(9):937-952.

附录　各向同性材料弹性常数之间的换算关系

$$G = \frac{E}{2(1+\nu)}$$

$$\lambda = \frac{2\nu G}{1-2\nu} = \frac{\nu E}{(1+\nu)(1-2\nu)}$$

$$\nu = \frac{\lambda}{2(\lambda+G)} = \frac{E}{2G} - 1$$

$$K = \lambda + \frac{2}{3}G = \frac{\lambda(1+\nu)}{3\nu} = \frac{2G(1+\nu)}{3(1-2\nu)} = \frac{GE}{3(3G-E)} = \frac{E}{3(1-2\nu)}$$

$$K + \frac{4}{3}G = \lambda + 2G = \frac{2(1-\nu)G}{1-2\nu}$$

$$a = \frac{1}{K+\dfrac{4}{3}G} = \frac{1-2\nu}{2(1-\nu)G}$$

彩　　图

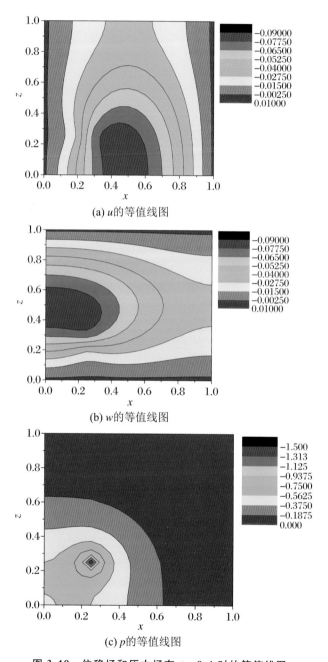

(a) u的等值线图

(b) w的等值线图

(c) p的等值线图

图 3.10　位移场和压力场在 $t = 0.1$ 时的等值线图

点汇位于 $(0.25, 0.25)$，参数取值为 $a = b = 1, Q_0 = 1.0, \alpha = 2$。

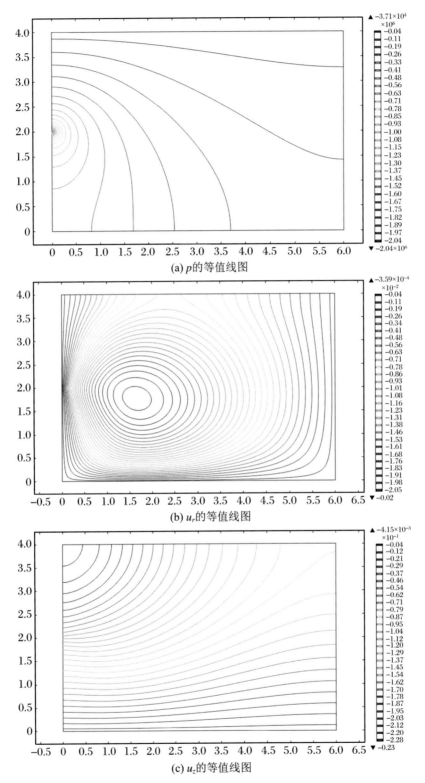

(a) p的等值线图

(b) u_r的等值线图

(c) u_z的等值线图

图 3.27　孔隙压力、径向位移和沉降量的等值线图

孔隙弹性力学基础

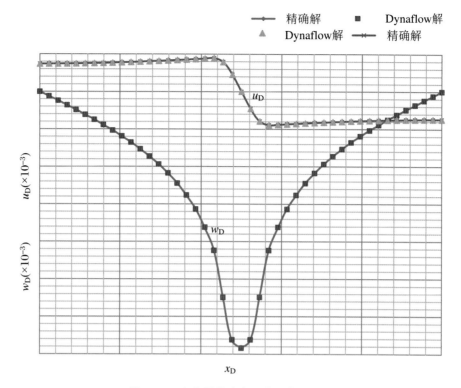

图 3.30　上表面的稳态沉降和水平位移

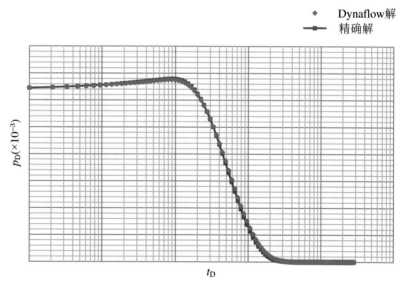

图 3.31　$p_D(0.5, 0.5)$ 与 t_D 的关系

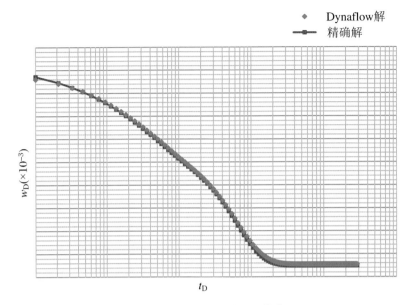

图 3.32 $w_D(0.5,0.5)$ 与 t_D 的关系

表面变形($\times 10^{-3}$)

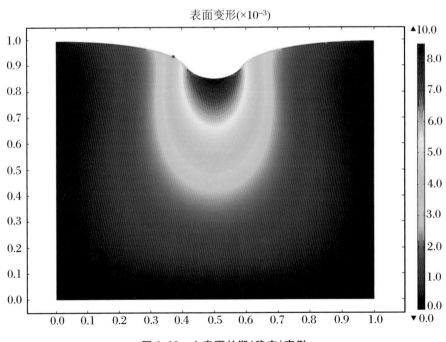

图 3.35 上表面长期(稳态)变形

孔隙弹性力学基础

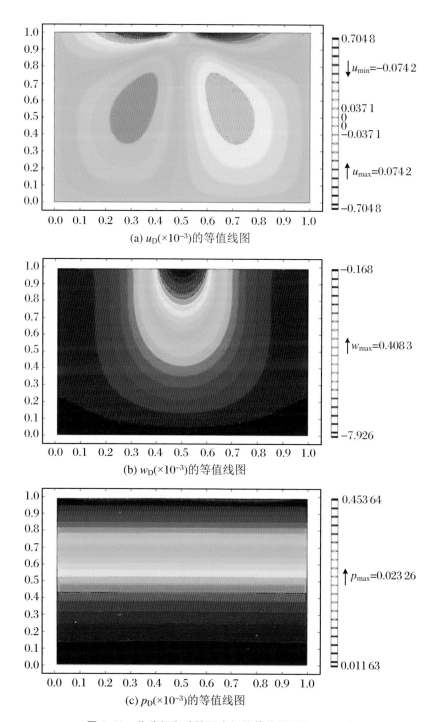

(a) $u_D(\times 10^{-3})$的等值线图

(b) $w_D(\times 10^{-3})$的等值线图

(c) $p_D(\times 10^{-3})$的等值线图

图 3.38　位移场和孔隙压力场的等值线图($t_D = 1.5$)

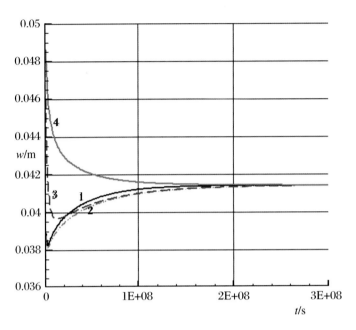

图 4.4 土层上表面中心点沉降随时间变化曲线(恒载)

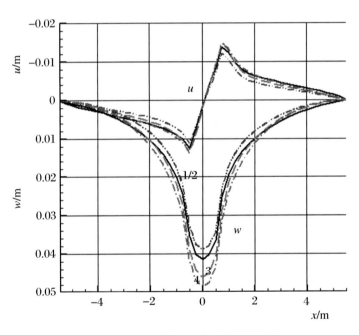

图 4.5 土层上表面沉降和侧向位移图

虚线为 $t = 1.0 \times 10^6$ s,黑色实线为 $t = 2 \times 10^8$ s,后者曲线 1~4 重合。

孔隙弹性力学基础

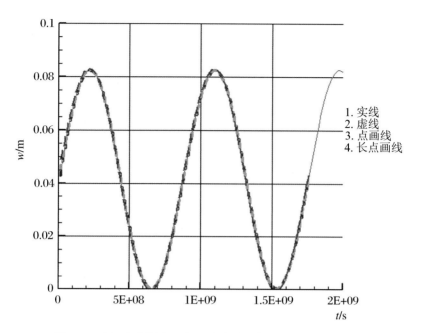

1. 实线
2. 虚线
3. 点画线
4. 长点画线

图 4.6　土层上表面中心点沉降随时间变化曲线(周期载荷)

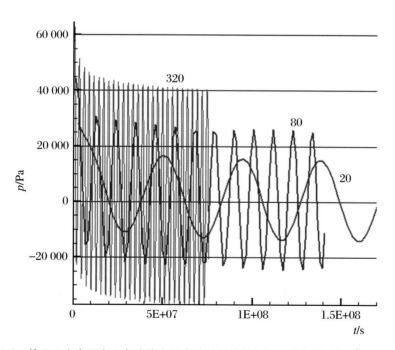

图 4.8　情况 4 上表面中心点孔隙水压力随时间的变化($\omega = 320, 80, 20, \Delta \bar{t} = 0.001$)

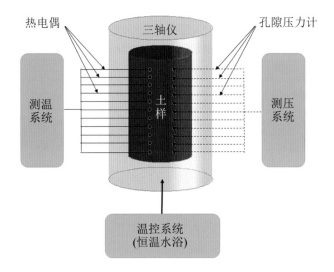

图 5.1　温控饱和多孔介质热流固耦合渗流试验装置示意图